铁线莲 与藤蔓植物

大卫·加德纳 著

蔡向阳　郑灼　嵇海波 译

蔡向阳　审译

湖北科学技术出版社

LONDON, NEW YORK, MUNICH,
MELBOURNE, DELHI

图书在版编目（CIP）数据

铁线莲与藤蔓植物/(英) 加德纳著；蔡向阳，郑灼，
嵇海波译.—2版.—武汉：湖北科学技术出版社，2015.6
（2017.4，重印）

（绿手指园艺丛书）

ISBN 978-7-5352-7416-8

Ⅰ.① 铁… Ⅱ.① 加… ② 蔡… ③ 郑… ④ 嵇…
Ⅲ.① 毛茛科—观赏园艺 ② 园林树木—攀缘植物—观赏园艺
Ⅳ.① S685.99 ② S687.3

中国版本图书馆CIP数据核字（2014）第311524号

Clematis and Climbers: Simple steps to success

湖北省版权局著作权合同登记号：17-2014-369

责任编辑：刘志敏　唐　洁

书籍装帧：戴　旻

出版发行：湖北科学技术出版社

www.hbstp.com.cn

地址：武汉市雄楚大街268号出版文化城B座13～14层

电话：（027）87679468

邮编：430070

印刷：中华商务联合印刷（广东）有限公司

邮编：518111

督印：朱　萍

2010年4月第1版第1次

2017年4月第2版第3次印刷

定价：45.00元

本书如有印装质量问题可找承印厂更换。

目 录

译者简介:

蔡向阳:1999年毕业于中国农业大学,为浙江虹越花卉有限
公司副总经理、虹安园艺有限公司总经理。从事新优观赏园
艺植物的引进和推广,近年为国内引进铁线莲和欧洲月季数
百种。

郑灼:1999年毕业于浙江大学,电机专业博士。国内著名的
铁线莲爱好者之一,目前收集最新铁线莲品种100余种,爱好
广泛,尤喜自然。

嵇海波:男,2007年毕业于上海交通大学,工商管理硕士。
中国最早种植铁线莲的爱好者之一,目前收集最新铁线莲品
种60余种,单株能达到1000朵以上的开花量。

用藤蔓植物装饰花园

藤蔓植物给园艺爱好者提供了大量令人激动的可能用途。你可以让它们蜿蜒缠绕花园的藤架、拱门和凉亭，它们茂密的叶子和芳香的花朵会营造出令人惊艳的景观，或者你也可以盆栽藤蔓植物，为你的庭院景色增加立体感。乔木、灌木和穿行于其间的藤蔓植物会相映生辉，而那些单调的花园围墙在藤蔓植物的帮助下会变成美丽的花叶屏风。即使是你花园里最难看的部分也会消失在一片藤蔓植物的叶幕之中，请浏览本章以获取更多使用藤蔓植物的灵感的创意。

藤蔓装饰藤架、拱门和凉亭

为攀缘的藤蔓植物提供一座优雅的攀爬支架作为它们的乐园，它们会回报给你愉悦的色彩和沁人的芳香。无论你选用的是一座现代风格的藤架，还是乡村气息的拱门，或者传统风情的玫瑰凉亭，藤蔓植物会把每一种都演绎为视觉的盛宴。

左图起顺时针

棚架立柱 这座木质棚架坚固的支柱已经被香甜的络石（译注: *Trachelospermum jasminoides*: 夹竹桃科络石属的芳香藤本植物，也称"星茉莉"、"万字茉莉"，花期长达半年）所覆盖。和旁边的桌子、椅子一起，这样的组合非常惬意，适合主人在此放松休息并欣赏花园美景。藤本月季和铁线莲搭配也能产生同样吸引人的效果。在每根立柱上可以尝试不同的藤本月季和铁线莲组合，这样能获得五彩缤纷的效果，再使用不同季节开花的植物组合还可以延长观赏期。

花框路 通往花园重点部分的小径可以通过横跨其上的拱门设计，用鲜花环绕的拱形架引导人们的视线与脚步，其花园焦点的效果可以得到加强。在这里，层层叠叠的藤本月季花簇从金属框架上奔流而下，美化视线尽头的木质长椅; 这一幕不动声色地诱惑着来客去探索花园的其他部分。其他焦点的引导也可以作同样的设计，一尊雕像、一座小鸟浴盆甚至一株特定的树木或灌木，都会成为花园的点睛之笔。

临时性的拱门 轻质的竹制拱门能很快被竖立起来，并可以放置在花园里任何地方，产生"立竿见影"的效果。一年生的藤蔓植物，比如香豌豆（*Lathyrus odoratus*），会快乐地攀附在上面，在夏季里提供绵长且芳香的美景。更具现代感的是螺丝连接的轻质金属拱门，它可以使用一整个生长季，对于一年生的开花植物来说已经足够了。之后它们可以被拆除并储藏起来直到下一年再次使用。

藤蔓装饰藤架、拱门和凉亭

图片从左到右

花园取景框　一个被细心设计在此的拱门覆盖着浓密的革叶常春藤（又叫波斯常春藤），它错落有致的叶片勾勒出一副绿色的取景框，带着你的注意力转移到花园另处的火炬花(*Kniphofia*)上。用简单的框架结构就可以营造出最强烈的效果。

异国风情的三角梅　三角梅充满活力的粉红色花朵沿着洁白的棚架盘旋而上，映衬着鲜红的天竺葵，显现出一幅地中海风情的画面。配合明亮浅色的花园家具，这个场景不禁使人想起在温暖气候中度过的那些美妙假日。在有霜冻的地区冬天要注意把三角梅覆盖好。

金银花亭　这里是感官的终极体验之处，这是一座被浓郁芳香的金银花(*Lonicera*)所覆盖的花冠型凉亭。想象一下坐在亭子里，甜香扑鼻，蜜蜂嗡嗡，这该是怎样的一幅美景啊!

铁线莲拱门　铁线莲蜿蜒而上，从生锈的金属拱门两边左右穿插、四处窥探，这座生锈的金属拱门俨然成为这种耀眼的紫色铁线莲理想的支撑物。

盆栽藤蔓植物

不一定非得在地里种植藤蔓植物——各种形状和大小的花盆都可以变成它们饶有趣味的家。从陶盆、柳条筐到吊篮和镀锌的金属容器,适合种植藤蔓植物的容器非常多。几乎所有容器都可以用——只要它们有排水孔。

左上图起顺时针

装饰树木　铁线莲"银月"绽放着银白至浅紫色的花朵,完全包围了种植的吊篮,呈现出360度夏季观花的美景。

传统的柳条花架　要充分利用这个传统的架子需要一棵强健的藤蔓植物。在这里,一棵金鱼花(译注:旋花科番薯属的*Ipomoea lobata*,花朵红黄相间,又被称作"金鱼花")热情穿行于柳条架之间,营造出一种特殊的混合了黄色、橙色和红色,焰火一般的开花效果。

常春藤棒棒糖　盘绕着中心支撑,通过仔细的修剪和绑扎,这两棵常春藤被塑造成了棒棒糖的模样。

常春之心　这两棵小常春藤被绑扎到一个心形的框架上,塑造出一种简单但令人印象深刻的小景。当植物长大时,用修枝剪定期修剪可以保持这两颗心的完美。

盆栽藤蔓植物

左上图起顺时针

木制金字塔　陶盆成为这座木制金字塔花架的巧妙底座；生长其中的冠子藤（译注：*Lophospermum erubescens*，也被称为"墨西哥螺旋藤"）优雅、浅玫瑰红的花朵与花架相映成趣，花架也为它提供了支撑。金字塔花架还为露台景观增加了立体感。偶尔要转动花盆和金字塔，让每一面都能晒到太阳，这样可以确保植物均衡的生长。最终，积极向上的攀缘花叶会完全披满金字塔。

单体螺旋　在一只方形的陶盆里，一棵铁线莲沿着一支单螺旋状的支撑物攀缘而上，形成了一个开满夏花的彩色立柱。如果你按这种方式种植4~5棵小型的铁线莲，色彩按粉红和紫色交替排列，把这些盆摆放在一起，就会有一个简洁却惹人注目的效果。

棘手的墙角　种在盆里的藤蔓植物非常适合点亮单调乏味的墙壁和建筑。这棵常绿的络石藤种植在大型的陶盆里，放置在木板墙壁间，当它沿着一根垂直的支撑物攀缘而上，给这个空间带来了美妙的色彩和芳香。这儿生动的蓝色木墙也给纯白色的花朵提供了完美的背景。

香豌豆塔　一只大型镀锌的金属容器给甜美的香豌豆(译注：藤本香豌豆，可作鲜切花，要注意与蔬菜中的"甜豌豆"区别开)提供根系生长所需的足够空间，帮助它们快速地攀爬上一个大型的藤三脚架，并用蓝色和粉红色的花朵覆盖了这个藤三脚架。遮盖住金属容器上边缘的则是一堆橙色和红色的旱金莲（*Tropaeolum majus*）。

垂吊的风情　如果没有支撑，某些藤蔓植物也可以变成令人惊奇的垂吊植物。这个丰富多彩的窗台花箱满是黄色和紫色的三色堇（*viola*）、六倍利（*lobelia*）和蜡菊（*Helichrysum*），而常春藤作为这个组合花槽的镶边植物，从窗台花箱的前面层叠地垂落，营造出了一种瀑布般的效果，几乎把花箱完全遮住了。

种植藤蔓植物攀爬乔木和灌木

活着或已经干枯的树木枝干都能给藤蔓植物营造出最完美的背景，所以如果你有树木或者灌木在花园里，可以试着用另一种思路来设计它们。让藤蔓植物缠绕它们的躯干来增加它们的观赏价值，尝试着看哪些组合能创造出相映生辉的效果。

左图起顺时针

树皮背景　死亡的树干扭曲且多裂缝，却是展示明亮蓝色号角状花朵的牵牛花"天堂蓝"（*Ipomoea tricolor* 'Heavenly Blue'）的理想画布。把牵牛花种植在树干周围或者盆里，用固定在树干上的绳子来帮助它们开始攀爬。可以同时种植不同色彩的品种来获得更鲜艳的效果。

秋色无边　当秋天来临，葡萄的叶子变成鲜艳的红色，悬垂于四照花（译注：*Cornus*，山茱萸科的四照花在英文中也被叫做"dogwood"）绿色的叶子之上。尽管这样戏剧般效果的景色持续时间不长，但绝对会成为大家谈论的焦点，在严冬来临之前给花园全年的表演添上了浓墨重彩的乐章。

花期同步　在这儿时间就是一切，这是加州丁香（*Ceanothus arboreus*）"特勒维申花园蓝"和"蒙大拿铁线莲"（译注：蒙大拿铁线莲也被译为"山地铁线莲"或"绣球藤"。这种类型的铁线莲花朵精致小巧，花开繁密，多为粉色和白色；花期4~5月，一年只开一季）的聪明组合。形状和色彩的搭配富有冲击力的花朵从暮春持续到初夏。如有必要，引导铁线莲的枝条在加州丁香上穿插，会加强整体的效果。

锦上添花　它们有着同样的气质：星状闪烁的粉色高山铁线莲（*Clematis alpina*）缀满着一棵小苹果树，而小苹果树自己也同样满绽着小而朦胧的粉色花簇。

用藤蔓植物给花园换新装

从乏味的格架到精心收集的红陶花盆，你可以利用藤蔓植物作为鲜活的彩毯，给一系列的花园景色增加趣味性和戏剧性。想要获得最自然的效果，请给它们自由，让藤蔓植物自行攀爬、任意垂落。

左图起顺时针

花盆的风景　这是个大型的储藏架，如小山般高的堆满了主人珍藏的赤陶盆，外面披挂着花毯般的蒙大拿铁线莲（*Clematis montana*）。它四处游走的枝条成功地打破了架子笔直的边际线，并突出了架子上堆叠着的陶盆那种重复图案。淡粉色的花朵和古朴的陶盆交相辉映，整个场景变得温柔可人。

雕像的伴侣　这是个普通啤酒花（*Humulus lupulus*）和金叶啤酒花"奥里斯"（*Humulus lupulus* 'Aureus'）的组合，左右簇拥着石雕塑像，而一棵繁茂的月季则装饰了较低些的地方。

格栅的掩饰外衣　铁线莲有着浅绿色的叶子和夺目的花朵，这使它们成为藤蔓植物里打破格子篱笆单调边沿的最佳选择。一棵多花铁线莲"幻紫"（*clematis sieboldiana*），从这个平淡乏味的木格栅两边探身穿梭，把它变成了花园里引人注目的一道风景。

用藤蔓植物来掩饰

可以用美丽的藤蔓植物来掩饰一些难看的地方。不管你是想要临时的覆盖或者永久性的遮掩，总有适合你需求的藤蔓植物。

左上图起顺时针

神来之笔　就算是最好看的堆肥箱也需要帮助才能变成花园的饰品。在它周围竖起格子架来让藤蔓植物攀爬，比如这种浅紫色花的月季，可以柔化堆肥箱的外形并分散对它的注意力。

秋幕　这个小屋被葡萄叶的秋色所覆盖，当气温降低时，葡萄巨大的心形叶片会从绿色变成一种红黄相间热烈的色彩。

完全覆盖　这个建筑物完全被狗枣猕猴桃（译注：Actinidia kolomikta，又也被称为"北极美景猕猴桃"，叶片粉绿或白绿色相间，攀缘效果非常好，是优秀的观叶植物）和白花悬星藤"相册"（译注：是西方常见的藤蔓植物，星状花朵像土豆花，所以也称"星茄"、"土豆藤"）所覆盖并消失于其中。在建筑物边缘尽量多地种植藤蔓植物以获得自然的效果。

优雅的伪装　通过培养一棵铁线莲缠绕于集雨桶上，可以使集雨桶的轮廓模糊。大家的视线本能地集中到铁线莲"巴特曼小姐"美丽的白色花朵上。

为花境增加立体感

藤蔓植物能突破花境种植的低矮感觉，创　头部上下的高度或更高些的地方绽放，对
造出令人兴奋的花园焦点。它们在欣赏者　于任何景观来说都是真正的锦上添花。

左图起顺时针

木质方尖花架　在任何园艺书中，用簇簇浅粉色藤本月季缀满庄严的木质方尖花架都是极佳的组合范例。藤本月季是比较重的藤蔓植物，重量会与日俱增，需要相当强力的支架来支撑它们。定期修剪可以使它们保持长时间高质量地开花。

飞越的色彩　铁线莲生动的粉色花朵和美洲茶(译注: Ceanthus, 鼠李科灌木, 开蓝色蕾丝般花朵, 也称"加州丁香")深蓝色的花序沿着一道柳条篱笆飞越而上, 营造出了一面立体的调色板。

花境的冲击效果　当一座花境背靠一道篱笆或者围墙时，可以试着培养藤蔓植物沿着篱笆长度横向攀爬，这样可以使这道风景的视觉冲击力达到最大化。这种效果也会引导你的视线越过较低的植物而向上看。

为花境增加立体感

左上图起顺时针

新的高度　使用不显眼的黑色金属格架作为支撑，铁线莲华丽的深粉红色花朵向上开放，把这座花台的景观提升到了新的高度。你可以在两座花坛之间架上拱门。这样还有个好处是提升了拱门，赋予它更高的价值。

细树锥架　一年生藤蔓植物是夏季花坛里的轻量级明星。只要给它们一个细树枝做的圆锥架，剩下的就是看它们蜿蜒向上攀爬了。要确保它们的花朵是你容易够到的，因为花儿是越采越多的。这儿圆锥架在红色香豌豆(Lathyrus odoratus)鲜花的陪伴下几乎要看不到了，成为这个村舍花园花境中的美丽焦点。

垂直的音符　一棵快速生长的金叶啤酒花 "奥里斯"（Hamulus　lupuls 'Aureus'）很快淹没了支撑它的立柱，给这个黄色主题的花境增添了垂直方向的音调。它浅色的叶子成为花境里低矮植物理想的背景。要获得更强烈的视觉效果，可以沿花境分布两个或者更多立柱。

触手可及　不是所有花坛都需要高耸入云的高度。建造一个粗犷的拱门或者是简单的支撑，就在鼻子的高度能呈现芬芳的花朵，这样当你视察植物时，你会艳遇到香气扑鼻的花墙。这儿，这种奶白色的藤本月季正蓬勃开放，在一个能被充分欣赏的高度，尽情释放它的夏日香气。

创造一扇屏风

大部分藤蔓植物都是快速生长型的，在花园里可以做成美丽生长的活屏风。宿根型的藤蔓植物会越长越密，它们每年都会从根部长出更多的枝条，可以在你需要的任何地方自由攀爬。一年生藤蔓植物则很适合做成临时性的屏风，在最热的几个月带来阴凉，之后它们会枯萎凋零。

左上图起顺时针

低层的风景　开放式的木篱笆作为藤蔓植物的支架可以创造出一种低层的屏风效果。这儿，西番莲（*Passiflora caerulea*）、电灯花（译注：*Cobaea scandens* 原产墨西哥，其花朵和花萼很像杯和碟。）和一种南瓜混合种植在一起，营造出一幕花果交织的奇异场景。这个屏风只在夏日里有效，一年生的藤蔓植物熬不过冬季。

月季屏风　攀爬更高的藤本月季屏风悬挂在木头支架上，它们的花和叶不仅是一道美丽的风景，也在炎热的正午给露台带来了阴凉。

尖桩篱栅　艳丽多彩的藤蔓植物和油漆过的尖桩篱栅组合交相辉映。这排低矮木质的尖桩篱栅，在旱金莲（*Tropaeolum majus*）令人愉悦的美丽橙色花朵映衬下，显得生机蓬勃。

遮风挡雨　葡萄藤（*Vitis vinifera*）悬垂的枝条被塑型，创造出一块隐秘的休息区，这样的一块屏风不仅能遮挡小雨淅沥，也抵挡了夏日的炎热。

绽放的门框　这个屏风的效果来自于强健的藤本月季"夏日微风"（Summer Breeze）那繁茂的花朵，它被绑扎穿行于格子篱笆和拱门间。其中还有棵铁线莲给整个场景点燃了粉红色的亮点。

装饰住宅和其他建筑物

纵观园艺史，藤蔓植物一直被用来装饰住宅和其他建筑物。无论是它们的花朵、香气，还是叶子或者是这三样的组合，人们都愿意选择藤蔓植物来改善房屋的外观。有些藤蔓植物在秋季以火红的秋色见长，而另外一些则是从春天到夏天持续展示它们的美。

左上图起顺时针

欢迎门道　一个乡村风格的门道部分被悬星花 "格拉斯温"（译注: *Solanum crispum*, 也称作 "智利土豆藤"）所掩盖。它蓝紫色的花朵从夏开到秋，使这个光秃秃不加装饰的入口变得更有吸引力。如果藤蔓植物变得过于繁茂，挡住通行的枝条可以直接剪掉。它究竟能长多大完全取决于你——最坏情况也就是牺牲掉一些花朵了。

爬山虎墙　爬山虎攀附在这所房屋正面，它不需要任何额外的支撑。一年里大部分时间它是绿色的，但在秋天，这种藤蔓植物会把房屋正面变成一堵壮丽的火红色墙。尽管持续时间不长，还是非常值得等待。

华丽的谢幕　围绕着蓝色哥特式门，一棵葡萄醒目的鲜红色叶片正处于落叶期，这是一幕扣人心弦的秋之终曲。

乡村魔力　摇摇欲坠的低矮谷仓也可以成为镜头里美丽的画面——如果藤蔓植物攀附其上的话。这棵经典花型的铁线莲 "奈丽·莫瑟（Nelly　Moser）" 已经悄悄爬上了石板屋顶，给整个场景增加了乡村魔力。迟早这株铁线莲会用它的梦幻夏花毯覆盖整个屋顶。

家居秀　一个木狗屋很快就安顿好了，一棵旱金莲攀附于屋顶上。这是种轻量级的藤蔓植物，不会压坏狗窝。看起来，狗窝目前的入住者显然对这座新装修好的家感到非常满意。

装饰住宅和其他建筑物

左图起顺时针

紫藤流苏　盛开的紫藤毫无疑问会是任何房屋最美丽的风景之一。倒垂交织的浅紫、豌豆花样的长花序在春或夏开放，回头率绝对百分百。紫藤可以沿着窗或者门培养攀爬，但枝条会随着时间推移越来越粗壮，所以需要牢固的支撑。这棵紫藤沿墙面生长，和种在它下面的粉色郁金香一起，构成了春天最引人注目的风景。

浪漫窗框　围绕窗户让藤蔓植物攀爬，这样的优点是屋里屋外都能观赏到它们。在阳光的日子从屋里向外看，这棵爬山虎营造出了一种彩色玻璃窗户的效果。爬山虎是自行攀爬的，种植者除了需要控制它旺盛的生长外几乎不需要其他投入。

正面的叶子墙　仔细的修剪保证了这棵金叶常春藤 "黄油杯"（Buttercap）只在你需要的地方旺盛生长。定期的修剪也有助于促发更密集、灌木状的生长，可以改善这棵藤蔓植物的外观。

迷人的门道　谁能抵挡得住藤本月季环绕的门道之魅力？在这儿，黄色的月季把一个本来就已挺吸引人的入口变得更为特别。当然，像其他藤蔓植物一样，必须定期修剪，以保持月季不越界：如果随它们自由生长，大部分都会变得过于茂盛而无法控制。

用藤蔓植物作地被

藤蔓植物用作地被覆盖也会表现得很好——很多会在土壤表面蔓延或者变成一种低矮的地被，构成花园里一处有趣的场景。这其中最好也最具适应性的藤蔓植物是常春藤，它在各种环境下都表现良好。

左上图起顺时针

绿地毯　在花园里，能耐旱、耐阴的藤蔓植物是很受欢迎的。在这儿，革叶常春藤"硫黄心"通过覆盖树基部附近裸露的土壤证明了它的价值。常春藤的枝条会一边攀缘延伸一边在节上产生不定根，所以要注意修剪它们，以防蔓延到不想要的地方。在那些不是全阴的地方，藤蔓植物形成的绿地毯下面，可以种植球根花卉，比如水仙花或者郁金香。这样春天保证可以看到，在暗淡背景中迸发出的五颜六色。

给树干做的花环　试着让你的铁线莲躺倒在地上，看它会如何表现。这棵铁线莲"奈丽·莫瑟"(Nelly Moser)看上去并不在意它没有支撑物可以攀爬——它在一棵树的基部自得其乐地盛开着，点亮了地面那本来晦暗的一块。如果你组合两种或更多种铁线莲，把它们围绕树甚至棚架立柱或者老树墩种植，你会创造出一种令人愉悦的拼布效果。或者，也可以从花坛里牵引一棵铁线莲或者其他藤蔓植物来实验，看看究竟哪种更适合你。最坏的情况也就是可能需要重新种植，把藤蔓植物再种到更适合它的地方。

常春藤栏杆　给这段台阶两边的扶手都覆盖上常春藤，创造出了两个低矮、长条形的护堤。以这样的种植方式，常春藤柔化了台阶的坚硬线条，并使人的视线集中到台阶之上。这种常春藤用来覆盖路径或者平台边缘也十分有效，你也可以用深色叶子和浅色叶子两个品种的常春藤来创造出图案的效果。要经常修剪常春藤，不让它越界，从而保持它的视觉效果。

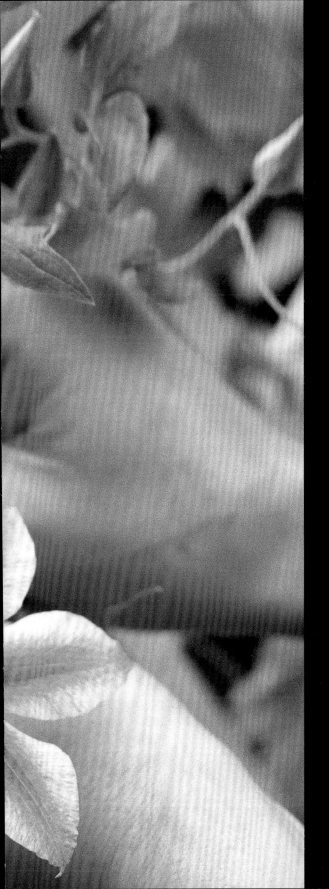

种植与支撑

藤蔓植物使用不同的方法来覆盖垂直立面或盘旋穿过依附的树木和灌木。在这一章中，你能查出所选择的植物是如何攀爬，什么类型的支架对它们是最好的。为了确保你的藤蔓植物定植后有一个良好的开始，请遵循我们关于如何在不同情况下种植多年生植物和灌木的步骤，这些步骤非常简单。你也可以尝试播种一年生的植物种子，创造一座夏日的花塔。此外，分步指南介绍如何修建和种植月季拱门，如何为铁线莲和素方花等修建巨大的尖顶架子。

藤蔓植物如何攀爬

藤蔓植物通过一系列方法攀爬到附近的支持物上。通过区分每一种植物的攀爬方式，你就可以为它们提供最适当的支持物。比如爬山虎仅仅依靠自己的吸盘就能很好地覆盖一堵墙，而藤本月季则需要额外的帮助才能做到。

黄色月季"格拉汉·托马斯"（*Rosa* Graham Thomas）与白色铁线莲交织在一起

气生根

常春藤的气生根有强有力的附着力，几乎可以紧紧吸附所有物体表面。这种气生根可以沿着茎一直生长，伸入细小的间隙和裂缝，使常春藤能够覆盖裸露的砖墙、石墙或者树干。如果老旧墙体攀爬有这一类根系的藤蔓植物，上面摇摇欲坠的砂浆可能在这些根系的作用下剥落。

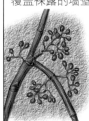

其他有相同气生根的植物有：榕树（*Ficus*）、冠盖藤（*Pileostegia*）和藤绣球（*Schizophragma*）。

加那利常春藤"内文奥斯"
（*Hedera canariensis* 'Ravensholst'）

吸盘

用吸盘攀爬的植物在大面积的垂直墙体绿化中非常常见。一些植物，如爬山虎，适应环境进化出的卷须顶端都有一个个小的吸盘，几乎可以吸附上它们碰到的所有物体表面。采取这种方法的藤蔓植物，只要对植株幼茎提供初步引导后，在没有其他任何帮助的情况下，就完全有能力覆盖裸露的墙壁。

采用吸盘攀爬方式的植物还有五叶地锦（*P.quinquefolia*）和花叶地锦（*P. henryana*）。

爬山虎（*Parthenocissus tricuspidata*）

叶柄和卷须

许多藤蔓植物使用叶柄缠绕或叶卷须攀缘。铁线莲通过叶柄的缠绕实现在网格、灌木或树木上攀爬。葡萄用茎卷须攀爬,香豌豆用叶卷须攀爬,它们会爬上一个方尖花架或帐篷状的架子,或者缠绕到周围大小树枝上。

其他植物还有红萼藤(译注:*Rhodochiton atrosanguineus*,它有着心形的叶片,摇曳着深紫色的铃花,非常适合花园种植),使用叶柄攀爬;西番莲(*Passiflora*)用茎卷须攀爬,以及电灯花,它使用叶卷须攀爬。

铁线莲"蜜蜂之恋"(*Clematis* 'Bees Jubilee')

枝干缠绕

大多数的爬藤植物的攀爬方式是用自己的茎缠绕到支撑物上。采用这种攀爬方式的一些植物比用其他攀爬方式的植物要牢固得多。紫藤就是一种强大的茎缠绕爬藤植物,它们多年生的茎会随着时间的推移木质化并且长粗。有些此类的爬藤植物生长不是太旺盛,可能需要一点帮助才能缠绕得比较牢固。悬星花(智利土豆藤)主要依靠其许多松散缠绕茎获得支持,而金银花会寻找适合自己的支撑物。

其他采用这种攀爬方式的植物还有啤酒花(*Humulus lupulus*)、络石(*Trachelospermum*)、一年生的牵牛花(*Ipomoea*)。

金银花"野樱桃"(*Lonicera periclymenum* 'Serotina')

钩刺

有些植物使用另外一种有趣的方式爬高。藤本月季"藤冰山"在树木和灌木中穿行时,用自己向后生长的钩刺钩住支撑物,使自己保持直立。尽管藤本月季常常捆绑到支撑物上,但它们的钩刺仍然有效地帮助它们牢固地覆盖在棚架和金属丝上。也有一些叶子上长有钩刺,植物会利用这些钩刺依附上其他植物或支撑物,使自己的茎直立生长。

有些种类的悬钩子(brambles)也使用钩刺向上攀爬。

月季"藤冰山"(*Rosa* 'Climbing Iceberg')

选择正确的支撑物

植物的支撑物有多种形状、各种尺寸和材质。有些架子不怎么漂亮却很实用,但它们都做了同样的工作,那就是为爬藤植物提供一个稳固的表面供它们缠绕或蔓延。下面有一些很常见的支撑物样式可供选择。

简单的螺旋

高雅的金属螺旋支架是种在花盆里或者有限空间里的轻质藤蔓植物(译注:轻质藤蔓植物指该类植物株型较小,重量较轻,不需要特别坚固的支架)的理想支架。辅之以整洁的修剪,即使这个支撑物没有完全遮盖住,也颇具现代美感。

适合植物 小型铁线莲,香豌豆(Lathyrus odoratus)和蓝铃蔓(Sollya heterophylla)。(译注:蓝铃蔓,海桐花科植物,原产澳洲,常绿藤本,夏天开蓝色花。)

多用途格架

木网格是一种藤蔓植物常用的支撑物。它使用方法灵活,可以用在墙壁上,或者作为屏风来分隔花园空间,同时还让空气、光线通过。网格架可以油漆或染上与花园主题色彩匹配的颜色。藤蔓植物自己可以爬到网格上,也可以使用园艺麻线或者园艺绑扎带辅助绑扎。

适合的藤蔓植物 藤本月季、铁线莲、金银花和西番莲。一年生的爬藤植物,如牵牛花,也很适合。

隐形支撑物

藤蔓植物还可以谨慎地采用一系列的金属线作为支撑物。这些金属线扇形展开,并用铁钉或带孔螺丝固定在围栏或围墙上。一旦爬藤植物完全长成,几乎不可能看到这种植物是采用哪种支架获得支撑的。这个方式非常适用于靠墙栽培的植物,如右边图示的美洲茶(也称"加州丁香")。

适合的爬藤植物 蔓生植物,如金银花、素方花(Jasminum officinale)、西番莲和葡萄。

典雅的拱门

拱门让你漫步于一幕花朵秀之中，因此选择优质木材或金属的设计是值得的，会增加整体效果。既有香味又有艳丽色彩的藤蔓植物是拱门理想的选择，月季拱门因为它们展示的芬芳和色彩而一直备受青睐。拱门应足够结实，能够承受大型植物的重量。

适合的藤蔓植物　藤本月季、铁线莲、金银花、络石，以及其他一年生的藤蔓植物。

遮阴凉棚

棚架是常见的最大和最牢固的藤蔓植物支架，能够支持较重的且木质化程度高的藤蔓植物。棚架完全被植物覆盖后，可以给下面的小路和坐席带来阴凉，还可以提供很多其他东西，如鲜花、香味、绿叶或水果。大型藤蔓植物需要用金属构件进行固定，以保证人能在下面安全行走。

适合的藤蔓植物　紫藤（Wisteria）、藤本月季、啤酒花、葡萄和金银花。

装饰性塔形花架

由金属、木材、柳条或榛木做成的塔形花架通常用于提高观赏对象的高度。一年生植物和多年生植物同样可以放在家里，这种架子在一个生长季节结束后能够很方便地移动。尝试用这种塔形花架种一些厨房用的植物，如图所示的红花菜豆。

适合的藤蔓植物　铁线莲、藤本月季、素方花、香豌豆、黑眼睛苏珊（*Thunbergia alata*）、牵牛花、架豆（又名菜豆）。

增加额外的支撑

藤蔓植物定植后，开始抽出健壮的嫩梢时，往往需要额外的支撑物以支持其生长。你可以提供金属丝、网格或者编网任它们攀爬。

墙面拉金属丝　在一所房子的墙面拉上金属丝，通常采用的方式是均匀地横向布线，这样可以做成一个坚固，但不显眼的架子。金属丝也可以固定成扇形，植株长高后可以扩大架子的面积。还可以做成垂直布线的架子，主要适合重量不大的一年生藤蔓植物。

把金属丝固定在木头上，一般用坚固的金属钉就可以了。如果你想把金属丝固定在砖墙上，可以用带孔金属螺丝，这种螺丝脚上有一个孔，可以固定金属丝，螺丝可以钉入红砖之间的水泥中。

网和网格　大部分围墙和围栏加上塑料网、金属丝网或者木网格就可以变成"攀爬架子"。十字交叉的网格适合一系列藤蔓植物。也可以在两根木棍之间扯上网，形成一个独立的支架。木网格比网更考究，可以支撑比较重的藤蔓植物。应确保木网格连接牢固。

独立支架　如果在围墙边、墙壁或独立而坚固的方尖花架边上种植藤蔓植物，如铁线莲，可能需要一些帮助引导它攀爬到这些支持物上。在定植穴上插入一根竹竿，上端靠在架子支柱上，以使其顺利攀缘。把植株用园艺麻线固定在竹竿上，在植株已经爬上去后，麻线才可以解除。

将金属丝固定在凉亭上

1 在每一个凉棚支柱的顶部，拧入4个带孔螺丝，使它们间距均匀。在每个支柱的底部和中间同样拧入带孔螺丝，确保带孔螺丝的孔垂直对齐。

2 在带孔螺丝的顶部穿入一定长度的包塑金属丝，并把它绕到垂直的金属丝上固定。金属丝的另一端穿过对应的带孔螺丝，拉紧、缠绕，剪掉多余的长度。

3 如图所示，用柔软的园艺扎线将铁线莲绑扎到金属丝上。将爬藤植物环形缠绕并绑扎到支柱上，这样支柱最大可能地覆盖上树叶和花朵。随着植物的长高，要及时绑扎。

制作网格架子

修建一个坚固的网格是为藤蔓植物提供支撑的一个好办法。这样能从不同角度观赏植物，还能形成一面绿色的屏风。网格架子搭建也很容易。

1　测量和标记出立柱的位置。将金属立柱锤入地面。为了保护金属立柱不在地下被腐蚀，需使用一种特殊的衬垫。

2　把木网格立柱从金属柱的顶端插入，用水平尺检查各个面的垂直度，确保竖直。用同样的方法安装其他的立柱和支架。

3　在你用两个扳手紧固螺栓的时候让其他人扶着每个立柱，确保每个立柱稳定和垂直，这将保证木柱立在准确的地方。再一次用水平尺检查该立柱的垂直度。

4　把网格板放置在立柱之间并用电动起子固定。检查网格板是否固定牢，如果网格和立柱未经处理，用木材防腐剂涂一遍。

修建一座月季拱门

一座拱门将是花园中藤本月季的完美骨架。在拱门上栽培藤本月季和其他藤蔓植物可以形成一个焦点，并使你的花园充满香味和色彩。

1 在地面上摆开拱门的各个构件，先安装拱门顶部：调整5根短的交叉构件，把它们插入到两根横梁上。制作时使用卷尺，使交叉构件在横梁上分布均匀。

2 用螺丝和一个电动起子将拱门的各个构件连接起来。最好用镀锌螺丝，因为它们不生锈，能保证你的拱门在以后多年还能使用。

3 将制作完成的拱门放在最终要放置的地方，标出4根立柱脚的土壤的位置。用铁锹挖4个坑，45厘米深，直径约30厘米。

4 每个坑内放入一些碎石，使立柱基础坚实。约5厘米厚的石头就足够了。用木槌将石块捣平和填实。

修建一座月季拱门

5 在其他人的帮助下，把制作好的拱门抬过来，放到坑里。确保每个腿立在碎石基础上。根据需要添加或减少碎石，直到所有腿都稳固了。

6 利用水平尺，测量拱门的各个部分是否横平竖直。如有必要，轻轻地调整架子，直到位置满意为止。

7 在每个坑里填入一些碎石，然后用预先拌好的水泥砂浆填满，直到与地面平齐。应确保水泥砂浆完全填满每个立柱基部周围，可以用手（戴上手套）或用一根木棍将水泥推匀、捣实。

8 仔细地向坑里注水，使水泥完全浸透。你可能需要来回逐一给每个坑注入足够的水，使水泥凝固和硬化。

9 当水泥已硬化，你就可以准备种月季了。在一根立柱外侧30厘米的地方挖一个定植穴。把没有脱盆的月季放在定植穴中，用一根竹竿测量栽植的深度。

10 在你挖出的土中拌入一些盆栽通用的混合介质。将月季脱盆放在坑里，月季枝干向拱门呈45度倾斜。栽植深度大概是嫁接点在土下2.5厘米或更深些。

11 用铁锹在定植穴内填入刚刚拌好的土壤。重要的是，保证月季根球与周围土壤没有大的空隙，因此要保证土壤完全被敲碎，里面没有大的土块。

12 填好土后，用脚把月季植株周围的土壤踩实，充分灌水。对枝条进行适当修剪，保留健壮的芽，促进其旺盛生长。

在围栏上栽培藤蔓植物

给围栏覆盖上藤蔓植物可以给你的花园带来色彩绚丽的外衣，用丰富多彩的金银花，在炎热的夏夜，它们会散发浓郁的香气。

成功小窍门

在围栏上栽培藤蔓植物，使用带孔螺丝将横向金属丝固定在围栏上。将金属丝缠绕在螺丝孔上紧固。

1 在距离围栏30~40厘米的地方挖定植穴，定植穴的直径是植株根部土球的两倍。为了让枝条在栽植之初就有一个好的覆盖面积，在土中插入几根竹竿形成扇形，上端靠向围栏。

2 小心地把植株脱盆，45度倾斜放在定植穴中。保持植物种植深度与盆栽一致。轻轻梳理出枝条，使其分别靠上扇形竹竿支架。

3 将挖出的土回填到定植穴中，植株根部的土壤应该略微洼一点，这样方便浇水。压实植株周围的土壤，消除过多的空隙，充分灌水保证根部充分吸水。

4 将扇状梳理开的枝条用柔软的园艺麻线绑缚在竹子和横向的金属丝上。最后，在植物的根部周围放上树皮覆盖物作为护根覆盖，这将保持根部周围的水分，抑制杂草。

为藤本花草制作三脚架

为了取得壮丽的效果,可以让素方花和铁线莲缠绕在同一座三脚架上。随着植物的生长,它们将相互交织,看上去非常壮观。制作三脚花架分以下几个步骤。

1 选定你的三脚架所在的位置，在这个位置的正中央挖一个深30厘米、直径30厘米的铁线莲定植穴。用铁耙把坑底的土壤翻松，松土的深度约为一耙深。

2 按照种苗生产商的建议，在铁线莲定植穴中加入一些花园堆肥和颗粒肥料，这会帮助植株快速生长。

3 把还没脱盆的铁线莲先摆放到定植穴中，检查深度是否合适，用一根横放的竹竿检查——铁线莲的栽植深度应该比它种在容器里的位置深5厘米以上。

4 铁线莲在脱盆前应该充分浸水，小心地将植株翻转倒置，轻拍容器使植株和容器松脱，植株就会从容器中滑出。用手指轻轻地梳理分开那些缠在一起的根系。

为藤本花草制作三脚架

5 把铁线莲放置在定植穴中，注意不要损坏枝条，用你前面挖出来的土壤回填。用铁锨把土均匀地倾倒在根系的周围，确保没有大的空隙。

6 压实铁线莲土球周围的土壤。如果踩实后土壤下沉，应回填更多的土壤；在围绕根茎的部分留下浅浅的洼地以便浇水。在三脚架搭建好之前，支撑铁线莲的竹竿应一直保留。

7 把三脚架的3个坚固的支柱以一定角度插入土壤，让它们在地面上形成三角形状，三脚架的中心在铁线莲的正上方。用结实的园艺绳将这3个支柱顶端牢固地捆扎在一起。

8 在三脚架的下方缠上几层绳子，这样能增加架子的稳定性（见48页图片），并且能方便攀缘植物攀爬。在每个三脚架柱子根部的地方种植一株素方花，具体步骤和金银花相同（见47页）。

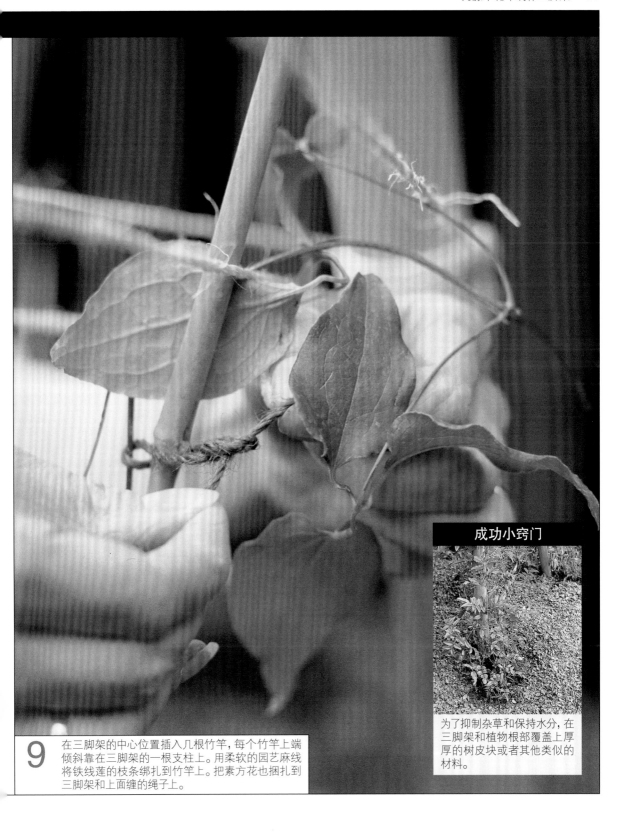

成功小窍门

为了抑制杂草和保持水分，在三脚架和植物根部覆盖上厚厚的树皮块或者其他类似的材料。

9 在三脚架的中心位置插入几根竹竿，每个竹竿上端倾斜靠在三脚架的一根支柱上。用柔软的园艺麻线将铁线莲的枝条绑扎到竹竿上。把素方花也捆扎到三脚架和上面缠的绳子上。

盆栽藤蔓植物

藤蔓植物非常适合在花盆里生长。只要给它们提供适当的支架，一旦它们被定植好，就会给你的庭院带来另一种立体风情。

1 在你的花盆底部放入几块碎花盆块或泡沫塑料，以帮助排水孔顺利排水。再放上一层肥土（译注：指含有较多土壤的花园堆肥），然后在花盆后部的位置支上架子。

2 在花盆中继续放入肥土，填到花盆一半的位置，把爬藤植物放置在上面，检查第一次种植的深度是否合适。把植株从容器中脱盆并放在土面上，植株的主干朝向网格。

3 在植株周围填入肥土并用手轻轻压实。土壤表面到盆口应有5厘米的深度。然后，把植株的茎展开，用柔软的园艺麻绳将每一根枝条都绑扎到架子上。

4 在植株根部周围的土壤表面覆盖上一层砾石或石块。这样，既有装饰效果，也帮助藤蔓植物保持根部湿润。然后用有上翘喷头的喷壶给植株充分浇水。

藤蔓植物基部使用园艺覆盖物和地被植物

园艺覆盖物和地被植物可以为你的藤蔓植物带来很多好处。有些园艺覆盖物主要是装饰性的,但它们都能够保持水分、抑制杂草。地被植物是为了掩饰其下部裸露的茎干。

什么是园艺覆盖物?

园艺覆盖物主要起到保湿、调节土壤温度,并抑制杂草的生长的作用,也能防止病虫害,给土壤增加营养,增加园林美观。有机园林覆盖物,如充分腐熟的动物厩肥(译注: 此处的动物厩肥主要指食草动物的粪便和畜舍秸秆垫料发酵而成,富含纤维素)、花园堆肥、腐烂的树叶或稻草常用于苗床和花境。无机园林覆盖物包括砾石、卵石、碎贝壳或黑色塑料布。

有机园艺覆盖物通常使用的厚度是10~15厘米。装饰性园艺覆盖物的厚度取决于覆盖物的颗粒大小。

有机园艺覆盖物 许多园丁收集修剪的青草、植物修剪下的枝叶、厨房废料放在特殊堆肥箱里。混合物逐渐分解,并最终成为一个上佳的、营养丰富的有机覆盖物。树叶堆肥和腐熟的动物厩肥也是花园的优良有机覆盖物。

当使用有机覆盖物时,覆盖厚度应该更深些,最好覆盖在没有杂草并且潮湿的土壤表面。经过几个月,有机覆盖物会在蚯蚓和降雨的作用下分解,并被土壤吸收,因此有必要经常增加有机覆盖物。

腐烂的树叶,一种营养丰富、深色的有机覆盖物   充分腐熟的厩肥,对保湿非常有用

装饰覆盖物　装饰性园艺覆盖产品有很多种，在花园中心和建材市场有售(译注：国内现在也可以到花卉市场买到，已有园艺公司可以供应松鳞、核鳞等有机园艺覆盖物)。砾石一向使用非常普遍，尤其是覆盖在高山植物根部周围有非常好的展示效果，并能保持其叶片干燥。它们也用于覆盖容器种植的植物根部。鹅卵石有各种形状、颜色和大小，而碎贝壳有各种各样的颜色，所以选择一个适合的产品来满足你想要的风格。虽然这些覆盖物也会随时间的流逝而减少，但它们不需要像有机覆盖物那样频繁地添加。

砾石，高山植物的理想选择　　鹅卵石，非常适合大型盆栽　　碎贝壳能增加特别的色彩

植物覆盖　生长低矮的植物可以用作一种有生命的园艺覆盖物，而且非常适合覆盖这一目的。它们不仅能阻止杂草的生长，还常常裸露光秃、单调的爬藤植物的根部带来了色彩和生机。然而，请注意，任何植物在靠近爬藤植物根部的位置生长，都可能会和爬藤植物产生对水分和养分的竞争，因此你可能需要调整你的浇水和施肥方案，以确保你所有的植物的需求得到满足。矮生的老鹳草(*Geranium*)、猫薄荷(*Nepeta*)和星芹(*Astrantias*)，都能长成鲜花和绿叶的地毯，以控制杂草蔓延。

老鹳草"安·福卡德"
(*Geranium* 'Ann Folkard')　　紫花猫薄荷(*Nepeta* x *faasenii*)　　星芹(*Astrantia major*)

用种子播种一年生植物

在花盆里播撒下种子是种植一年生爬藤植物的开始。如果它们在秋季播种，到第二年晚春时就已经长到足够大，能够种植在户外你想让它们开花的地方。

成功小窍门

发芽时需要光线的种子可选用珍珠岩覆盖，珍珠岩能够让光线通过并能保持种子湿润。

1 使用新的或干净的花盆，并在每个花盆中放入育苗用混合介质，介质填到盆沿的位置。用另一个花盆的盆底轻轻压一压介质，使其表面平整，压实后大约低于盆沿1.5厘米。

2 坐盆法浇灌：把花盆直立放置在一个盛满水的托盘中，水从底部盆孔浸入，直到介质表面湿润为止。或者也可以直接用喷壶给花盆浇水，喷壶应该有个很好的喷头。

3 将种子均匀地播种在介质表面，9厘米直径的花盆对6~10粒种子来说足够大了。用筛过的播种介质覆盖种子，覆盖的深度参照种子袋上的数据。

4 最后，清楚的标注出你播下的每盆种子的名称和播种时间。然后可以把盆放置在窗台或温室架子上，让种子发芽。

盆栽耐寒的一年生植物

耐寒的一年生藤蔓植物种子便宜，易于种植，会在整个夏季绽放绚丽缤纷的色彩。将这些种子种植在花盆里，放在庭院或花园的某处，任其自由绽放。

1　在花盆的排水孔上覆盖一层碎瓦片或者泡沫塑料块，然后在花盆中填入通用园艺介质。在靠近盆沿的地方均匀平整地插入一圈树枝或竹竿。

2　把树枝的顶端捆扎到一起，用棕丝或者园艺麻绳绕几圈，拉紧后打一个结。这样一个能够攀爬植物的像帐篷一样的支架就搭建好了。

3　将花盆翻转，小心地把幼苗从花盆里脱出来，脱盆的时候要张开五指托住盆土，防止弄翻。把每株幼苗分开放到花盆中已经插好的树枝旁边。

4　用手指或者小铲子挖一个个小洞，把幼苗沿盆壁一圈栽下去，一根竖着的竹竿边上种一棵苗。压实幼苗周围的土壤，注意不要弄伤幼苗，然后浇透水。

常春藤球的造型

如果你选用常春藤和特别的骨架，你将不必等待数年就能拥有自己的绿色雕塑。在这里，介绍一个在庭院中制作"常春藤棒棒糖"的几个简单步骤。

成功小窍门

将两片木头呈十字形钉在一起，水平支撑在花盆内，用这个木架来固定"棒棒糖"的主干。

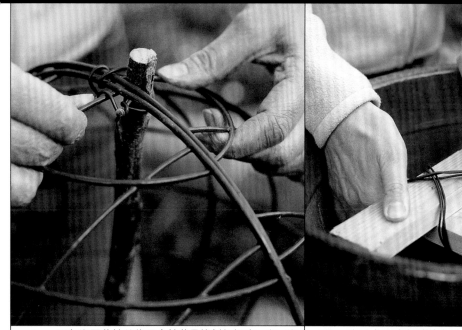

1 用包塑园艺铁丝将两个铁艺吊篮倒扣捆在一起，这样形成了一个球。将钉子钉到一根约1.2米高的结实木棍上，再把做好的球挂在钉子上，用铁丝固定。

2 把这根固定好球的木棍直立在你所选择的花盆里，靠近花盆沿口的地方应安装上十字形的木楔子，木棍就用铁丝固定在这个木楔子上。应保持木棍完全垂直。

3 在花盆底部先放上一层碎瓦片或者泡沫塑料，然后填上复合营养土。围绕中心木棍种植3株常春藤，浇透水。

4 用园艺麻绳把常春藤捆绑在木棍上，辅助其攀爬。当常春藤爬到吊篮球的时候，把常春藤的枝条编织到吊篮上，使它们能够覆盖球体表面。球体被完全覆盖后，应定期修剪，保持形状。

藤蔓植物组合栽培

要把藤蔓植物和其他植物一起混合种植并产生震撼的景观，这会是一个挑战，为了帮助你实现这个目标，这一章里的种植清单中提供了一系列充满灵感的种植组合。以下列出的符号是在清单中使用的，是为了标明每种植物种植所需要的生长条件。

植物符号

    该植物获得RHS（英国皇家园艺学会）花园优异奖

土壤需求

    排水良好的土壤

    潮湿土壤

    湿地

日照需求

    全日照

    半遮阴或斑驳阴影

    全阴

耐寒性

    完全耐寒

    在温暖地区或有保暖措施的地点可以户外越冬

    从霜冻开始到整个冬天都需要保护

    不能经受任何程度霜冻的娇嫩植物

乡村风格的拱门

将不同长短粗细的枝干组合钉在一起，很容易就做成这座传统乡村风格的拱门。它们通常是很牢固的，是藤本月季和其他重型藤蔓植物的可靠支撑。这个乡村风格拱门用藤本月季、金银花和铁线莲装饰着，在尖桩篱栅上打开一处诱人的入口。一些低矮的植物，包括柔毛羽衣草，紫花猫薄荷和飞燕草，赋予了拱门底部丰富的色彩，并把不好看的基部掩饰了起来。

花境要素

尺寸　1.5米×0.6米

配置　作为花园不同部分划分或者花园入口上方

土壤　任意，但不能积水或过于干旱

地点　阳面或半阴

采购清单

- 月季"塞西尔·布伦娜"
  （*Rosa* 'Cécile Brünner'）　2株
- 蓝色飞燕草（blue delphiniums）　4株
- 柔毛羽衣草（*Alchemilla mollis*）　6株
- 铁线莲"大草原"（*Clematis* 'Savannah'）
  　2株
- 金银花"京红久"
  （*Lonicera* ×*heckrottii*）　1株
- 紫花猫薄荷（*Nepeta*×*faassenii*）　3株

种植与维护

将拱门在选定的位置上牢牢地固定好之后，在每边支脚处种植一棵月季和一棵铁线莲。隔30厘米左右挖种植穴并把植物放进相应的穴里，将它们向拱门倾斜种植以帮助它们未来的攀爬。把枝条绑扎到木头框架上，分散开以覆盖最大范围。在拱门另一边重复此过程。金银花的种植也和此类似，靠近篱笆。当它开始生长后，让它和拱门上的其他藤蔓植物一起攀爬。最后，环绕着拱门外围种植低矮的植物。给所有的植物都浇透水，在藤蔓植物的枝条过长时要把它们固定好。

月季"塞西尔·布伦娜"
✿✿✿ ◊◊ ☼ ☼ ♧ ♔

蓝色飞燕草
✿✿✿ ◊ ☼

柔毛羽衣草
✿✿✿ ◊◊ ☼ ☼ ♔

铁线莲"大草原"
✿✿✿ ◊◊ ☼

金银花"京红久"
✿✿✿ ◊◊ ☼ ☼

紫花猫薄荷
✿✿✿ ◊ ☼ ☼ ♔

塔形花架上的粉色"糖果"

你应该花一些时间来规划花园种植的色彩主题，这当然是值得的；相比于大杂烩一般的混乱种植，规划后这里会获得更引人注目的效果。这处景观包括了粉红色的月季和宿根植物，其中白色的飞燕草给整体增加了轻快的感觉。尽管两棵月季既不是藤本也不是蔓生的品种，却也包裹住了金属的塔形花架，增加了立体感，而星芹、唐松草和八宝景天则在低处继续演绎粉红的色彩主题。

月季"威廉·罗伯"
✺✺✺◊◐☀🏆

翅果唐松草
✺✺✺◊◐☀

花境要素

尺寸	3米×2米
配置	农舍花园，自由式花境
土壤	任意，但不能积水或十分干旱
地点	阳或半阴

采购清单

- 月季"威廉·罗伯"
  (*Rosa* 'William Lobb')　　1株
- 翅果唐松草
  (*Thalictrum aquilegifolium*)　　2株
- 白花飞燕草(White Delphiniums) 3株
- 月季"雷尼·维多利亚"
  (*Rosa* 'Reine Victoria')　　1株
- 八宝景天(*Sedum spectabile*)　2株
- 星芹"哈德斯本红"
  (*Astrantia* 'Hadspen Blood')　3株

白花飞燕草
✺✺✺◊◐☀

月季"雷尼·维多利亚"
✺✺✺◊◐☀

种植与维护

首先，标出种植区域，在土壤里混合一些腐熟好的花园堆肥或者粪肥。

把铁艺塔形花架立在容易看到的地方，小心不要遮挡了低处生长的植物。将两棵月季都靠近塔形花架种植，它们的枝条系到支撑物上。将矮生的那些植物种植在月季周围，要留出以后生长的空间。种植完成后要浇透一遍水，之后要保持土壤的湿润以利扎根。

除非是很轻质的或者沙质的土壤，不然无需经常地施肥。在植物四周覆盖一层堆肥，可以抑制杂草，保持水分，并持续提供养分。

八宝景天
✺✺✺◊◐☀🏆

星芹"哈德斯本红"
✺✺✺◊◐☀◐

优雅的坐椅

花园坐椅为你的花园提供着完美的配置，它可以让人在此静坐欣赏，完全地沉浸于花园的氛围之中。你也可以为它配置些植物来使它成为花园的亮点。藤蔓植物极适合用来做成一道彩色的帷幕，就像这里黄绿色叶子的啤酒花"奥里斯"所显示的那样，而白色的月季藤冰山和紫红色的铁线莲"劳森"一起攀附在拱门上，营造出了丰富多彩的拱顶。几丛大花荆芥则在地面提供了鲜明跃动的色彩。

花境要素

尺寸	3米×1.5米
适合	小到大型花园
土壤	任意，但不能积水或过于干旱
地点	全阳或半阴

采购清单

- 铁线莲"劳森"
  (*Clematis* 'Lasurstern')　　2株
- 月季藤冰山
  (*Rosa* 'Climbing Iceberg')　2株
- 啤酒花"奥里斯"
  (*Humulus lupulus* 'Aureus')　2株
- 大花荆芥 (*Nepeta sibirica*)　6株

种植与维护

当你摆好坐椅的位置并立好横跨它的拱门后，就可以开始种植了。在土壤里混合进一些堆肥或者发酵好的粪肥，在椅子后面，靠着网格或者连到墙上的水平线，种植两棵啤酒花。在拱门两边各种植一棵藤本月季和铁线莲，把它们的枝条绑扎到拱门支撑上，以使其朝着正确的方向生长。在通向坐椅的道路两旁则种植两行大花荆芥。

铁线莲"劳森"
❀❀❀ ◊◊ ☼◐ ☀ ☲

月季藤冰山
❀❀❀ ◊◊ ☼◐ ☀ ☲

啤酒花"奥里斯"
❀❀❀ ◊◊ ☼◐ ☀ ☲

大花荆芥
❀❀❀ ◊◊ ☼◐ ☀

村舍花园组合

这个藤蔓植物和草本植物的组合非常适合村舍花园的景观,它足够紧凑,容易融入花坛尽头,贴墙或房屋种植,特别是在路两边对称种植尤为合适。当铁线莲和月季长成后,交织在一起的叶子和花朵,在夏日里提供了长久的色彩盛宴,十分吸引人。

花境要素

尺寸   3米×2米

配置   花园边上的绿草带,自然式花园

土壤   适合大部分土壤,但不能积水或过于干旱

地点   全日照或半阴

采购清单

- 铁线莲 "阿拉贝拉"
  (*Clematis* 'Arabella')   1株
- 香水月季 "多面手"
  (*Rosa×odorata* 'Mutabilis')   1株
- 六出花 (*Alstroemeria*)   6株
- 堆心菊 "莫尔海姆美女"
  (*Helenium* 'Moerheim Beauty')   3株

种植与维护

视土壤情况在种植前添加进一些堆肥或者发酵好的粪肥。把月季种植在场景后部,藤条架放置在前面,周围要留出足够空间来种植六出花和堆心菊。然后把铁线莲种在藤条架底部,把枝条盘绕在支撑上。下一步,在藤条架两边种植六出花和堆心菊,注意要留出生长空间,最后浇透水。

要在月季花开始衰败时就剪去残花,以延长月季的花期。仔细观察病害或虫害的迹象,并立刻处理任何可疑的情况。

在每年春天发芽前把铁线莲强剪到下方的一对壮芽处。

铁线莲 "阿拉贝拉"
✿✿✿ ◊◊ ☀◐ ♔

香水月季 "多面手"
✿✿✿ ◊◊ ☀◐ ♔

六出花
✿✿✿ ◊◊ ☀◐

堆心菊 "莫尔海姆美女"
✿✿✿ ◊◊ ☀ ♔

秋焰之幕

夏日里的花园总是鲜花怒放，不过秋日到来时，往往会无花可看，但如果仔细挑选你的植物，你可以把花园的观赏期大大延长。在这里，一棵紫葛和爬山虎已呈现热烈的秋色，掩饰了呆板的墙壁和老旧的棚屋，也给翠菊、绵毛水苏和晚菊提供了诱人的背景。

花境要素

尺寸　2米×2米

配置　任何有墙或篱笆当背景的位置

土壤　适合大部分土壤，但不能积水或过于干旱

地点　在花园角落，墙壁前的花坛，全阳或半阴

采购清单

- 波士顿常春藤（爬山虎）
  （*Parthenocissus tricuspidata*）1株
- 月季"波比·詹姆斯"
  （*Rosa* 'Bobbie James'）　　1株
- 绵毛水苏（*Stachys byzantina*）　1株
- 紫葛（*Vitis coignetiae*）　　1株
- 橙色晚菊（Orange Chrysanthemums）2株
- 黄色晚菊（Yellow Chrysanthemums）2株
- 福氏紫菀"月神"
  （*Aster×frikartii* 'Mönch'）　3株

种植与维护

离开墙壁、篱笆或者网格的基部45厘米种植爬山虎，它是自行攀缘的，不过加上几根靠到墙上的竹竿可以帮助它顺利起步。紫菀可以直接靠着晚菊种在地上，晚菊自身也可以种在陶罐里，以提供更多的观赏乐趣。

种下后和长时间干旱时要浇透水。必要时可以剪攀缘植物的长枝条，在整个晚菊和紫菀的开花季节修剪掉残花。

波士顿常春藤
❀❀❀ ◔ ☀ ☼ ♔

月季"波比·詹姆斯"
❀❀❀ ◔◔ ☀ ☼ ♔

绵毛水苏
❀❀❀ ◔ ☀

紫葛
❀❀❀ ◔ ☀ ☼ ♔

晚菊（黄色和橙色）
❀❀❀ ◔◔ ☀

福氏紫菀"月神"
❀❀❀ ◔ ☀ ☼ ♔

粉色花环装饰的树

这是一个暖色调的主题，汇集了相关的各色植物。引人注目的中心是小型的针叶树冷杉，一年生的藤蔓植物红萼藤那紫红色调的降落伞状花朵形成花环状，装饰着它。在冷杉基部，由大丽花和何布景天提供了一抹绚丽的色彩。

尽管红萼藤的枝条在夏天会覆盖一大片，但它的盘旋状枝条很轻，不会损伤到冷杉。在晚夏和早秋，何布景天硕大的粉红花序会引来蝴蝶和食蚜蝇。

花境要素

尺寸	2米×2米
配置	自然式花坛或孤岛式花床
土壤	排水良好的、中等肥沃的
地点	全日照或半阴

采购清单

- 高山冷杉变种亚利桑那 "紧凑" (*Abies lasiocarpa* var. *arizonica* 'Compacta')　1株
- 红萼藤 (*Rhodochitonatrosanguineus*)　2株
- 大丽花 "精锐步兵" (*Dahlia* 'Grenadier')　3株
- 何布景天 (*Sedum* 'Herbstfreude')　3株

种植与维护

这个主题种植里最大的部分就是冷杉，它为周围的彩色种植提供了一个长绿的背景。首先就要确定冷杉的位置，要放在花坛后半部分，然后把何布景天安排在大丽花前面，在靠近冷杉处给红萼藤留出位置。娇弱的红萼藤要在春天无霜后开始从种子种起。也可以把红萼藤种在盆里，隐蔽在何布景天后面，让它的枝条盘绕上冷杉。在晚秋要除掉藤蔓植物的枯死枝条。

在大部分地区，要在大丽花开花之后挖出它的块茎，储存在无霜冻的棚架内过冬，到春天再种植。

高山冷杉变种亚利桑那 "紧凑"
❋❋❋ ◊ ◐ ☼ ♆

红萼藤
⊛ ◊ ◐ ☼ ♆

大丽花 "精锐步兵"
❋ ◊ ◐ ☼ ♆

何布景天
❋❋❋❋ ◊ ◐ ☼ ♆

藤蔓植物装饰的入口

灵活地使用藤蔓植物，通向花园各处的入口可以变得更为吸引人。这是个木制的门道，上面覆盖着可食用的葡萄和常春藤，下面种植了玉簪、苔草、鳞毛蕨和新西兰麻，这些植物把门道变成了绿叶荡漾的视觉焦点。各种形状和色彩的叶子混合起来弥补了缺少鲜艳色彩花朵的遗憾。

花境要素

尺寸　3米×1米

配置　任何有分隔空间或多种种植风格的花园

土壤　任何潮湿但排水良好的土壤

地点　藤蔓植物全阳，低处生长的植物半阴

采购清单

- 葡萄（*Vitis vinifera*）　　　1株
- 洋常春藤（*Hedera helix*）　　1株
- 马累鳞毛蕨（*Dryopteris affinis*）
  　　　　　　　　　　　　　　1株
- 古铜苔草（*Carex flagellifera*）　1株
- 玉簪"金色祈祷"
  （*Hosta* 'Golden Prayers'）　1株
- 新西兰麻（*Phormium*）　　　1株

种植与维护

在种植非藤蔓植物前，要把葡萄和常春藤在木框架上先安置好。绑扎、引导葡萄枝条沿入口一侧攀爬，让常春藤在另一侧爬到上面。其他植物根据大小来安排种植地点，玉簪要种在前面。当它们长大后，它们的叶片可以掩盖住道路的硬质边缘。

保持植物充足水分供应。玉簪和蕨类特别喜欢潮湿、浅阴的地方。不过不要让土壤有积水，也不要让土壤摸上去干燥。在每年冬天可以给植物上一圈堆肥或腐熟的粪肥。

葡萄
✻✻✻ ◊ ◐ ☼ ◑

洋常春藤
✻✻✻✻ ◊◊ ☼ ◑

马累鳞毛蕨
✻✻✻ ◊◊ ◐ ☼ ♔

古铜苔草
✻✻✻ ◊◊ ☼ ◑

玉簪"金色祈祷"
✻✻✻ ◊◊ ☼ ◑

新西兰麻
✻✻✻ ◊◊ ☼

花架色彩搭配

规划植物的色彩主题,你可以确保获得协调的色调。要么把所有暖色调的植物种植在一起,其间以冷色调的植物隔开,要么像这样,把色调相反但互补的植物种植在一起。可以试着把重瓣黄木香"琵琶"、浅紫色铁线莲"埃尔莎·丝帕斯"和紫玉兰"黑人"种植在一起,获得一种戏剧性的起伏效果。不要害怕去尝试色彩,不用担心这会违反所谓的"规则",只要它适合你。

花境要素

尺寸　2米×1.5米

配置　锻造的铁艺花架、屏风、格子栅栏或者壁装的支撑

土壤　任何不积水或过分干燥的土壤

地点　铁线莲和月季全阳,但玉簪要半阴

采购清单

- 重瓣黄木香"琵琶"
  (*Rosa banksiae* 'Lutea')　　　1株
- 铁线莲"埃尔莎·丝帕斯"
  (*Clematis* 'Elsa Späth')　　　1株
- 紫玉兰"黑人"
  (*Magnolia liliiflora* 'Nigra')　1株
- 金边玉簪
  (*Hosta fortunei* var. *aureomarginata*)　1株
- 蓝叶玉簪 (*Hosta sieboldiana* var. *elegans*)
  　　　　　　　　　　　　　　1株
- 斑叶野芝麻"相册"
  (*Lamium maculatum* 'Album')　1株

种植与维护

首先种下玉兰、铁线莲和月季,把后两种用园艺麻绳固定到支撑物上,让它们向正确方向生长。铁线莲会自行攀爬,但月季要经常检查绑扎来保持它不越界。接下来在前面种植玉簪和野芝麻。玉簪在腐殖质丰富、潮湿的土壤中会茁壮成长,所以种植它时要在土里加入大量充分腐熟过的有机物,并在表层根部周围做一个覆盖。在春天,移去铁线莲的所有枯死和受伤枝条,弱剪其他枝条到最上方的一对壮芽为止。

重瓣黄木香"琵琶"
❋❋❋ ◊ ☀ ☼ ♔

铁线莲"埃尔莎·丝帕斯"
❋❋❋ ◊ ☀

紫玉兰"黑人"
❋❋❋ ◊◊ ☀ ☼ ♔

金边玉簪
❋❋❋ ◊◊ ☀ ☼ ☼ ♔

蓝叶玉簪
❋❋❋ ◊◊ ☀ ☼ ☼ ♔

斑叶野芝麻"相册"
❋❋❋ ◊◊ ☀ ☼ ☼

春季花香之墙

对于一名园丁来说，春天是让人兴奋和高兴的季节，嫩叶舒展，花蕾渐放，万花筒一般的色彩和花朵的芬芳尽情呈现。很多植物有令人愉悦的香气，在花园里散发芳香，淡雅而不过于浓烈。这儿，台湾紫藤四处探头的枝条上缀满豌豆花般的花穗，散发出柔和的花香。更妙的是它的花束正好在头部高度开放，不用弯腰就可以尽情欣赏。

花境要素

尺寸	4米×1米
配置	有向阳的墙或牢固木头棚架的花园
土壤	任何不积水或过分干燥的土壤
地点	全日照的地点

采购清单

- 台湾紫藤（*Wisteria×formosa*）   1株
- 多花沃氏金链花
  （*Laburnum x watereri* 'Vossii'）1株
- 大花葱 "紫惑"（*Allium hollandicum* 'Purple Sensation'）   20株
  或 郁金香 "夜皇后"（*Tulipa* 'Queen of Night'）   20株

种植与维护

金链花和紫藤需要好几个生长季才能获得引人注目的开花效果。种植它们前要准备好土壤。环绕种植点的土壤可以混入堆肥增加有机质，在新根系开始生长时要保持土壤湿润。

种植一些和藤蔓植物互补色的春季球根，比如大花葱 "紫惑"，或者郁金香 "夜皇后"，当它们丝绒般的紫色花朵围绕着两棵藤蔓植物开放时，景色会十分的醒目。如果土壤是黏土或者过于潮湿，要在种植穴里掺入一些园艺沙砾来增强排水性、防止球根腐烂。

台湾紫藤
❀❀❀ ♦ ◊ ☀ ☼

多花沃氏金链花
❀❀❀ ♦ ◊ ☀ ☼ ♓

可替换植物

大花葱 "紫惑"
❀❀❀ ♦ ☀ ♓

郁金香 "夜皇后"
❀❀❀ ♦ ☀ ☼

现代乡村风格的拱道

如果你喜欢多种花园风格和主题,那么没什么理由能阻止你把它们混搭起来,获得两全其美的效果。在这儿,时髦的现代风遇上了乡村的魔力。这个花园包括一个拱道,由裸露的钢铁而不是传统的木头做成。风雨侵蚀下,已经变成棕红色的钢铁铁锈和周围的植物完美融合在一起。在拱道一边攀上的是络石藤,而围绕它的基部以及板岩路的另一边,是多种草和草本植物的混合种植。

花境要素

尺寸　4米×2.5米

配置　通向独立的焦点或花坛间长凳的园路

土壤　潮湿但不积水或过分干燥的土壤

地点　全日照或半阴

采购清单

- 悬星花"格拉斯勒文"
  (*Solanum crispum* 'Glasnevin') 1株
- 络石 (*Trachelospermum jasminoides*) 1株
- 细茎针茅 (*Stipa gigantea*)　　　2株
- 蓝刚草 (*Leymus arenarius*)　　　4株
- 硬叶蓝刺头 (*Echinops ritro*)　　2株
- 玉簪"轻拍的爱" (*Hosta* 'Love pat')
　　　　　　　　　　　　　　　　2株

种植与维护

把拱门牢固地浇筑到地上。水泥凝固后,把络石种在拱门其中一边的基部。让枝条沿拱门向上生长,把它们用线或麻绳绑扎好。细茎针茅和悬星花靠近篱笆种植,以提供由拱道框出的视觉焦点。

把宽叶的玉簪和窄叶的蓝刚草混合种植,营造叶片形状的强烈对比。

尽管不需要特别的土壤准备,但这儿所有植物都会受益于充分腐熟的粪肥,所以在冬天或者早春可以加一些作为园艺覆盖物。

悬星花"格拉斯勒文"
❀❀ ◊ 💧 ☀ ▽

络石
❀❀ ◊ 💧 ☀ ◐ ▽

细茎针茅
❀❀❀ 💧 ☀ ▽

蓝刚草
❀❀❀ 💧 ☀

硬叶蓝刺头
❀❀❀ 💧 ☀ ◐ ▽

玉簪"轻拍的爱"
❀❀❀ ◊ 💧 ☀ ◐ ▽

快速覆盖

像金鱼花这种藤蔓植物的美丽之处在于它的生长速度极快。你不需要花上很多年来等它呈现美丽一面。可以把它当一年生植物培养，它在夏季开花无数，色彩明艳。这是种轻巧的植物，可以让它攀爬过小型的宿根植物，不用担心会压坏它们。要填充花坛的缺口或者不想看到的堆肥桶，可以用它来进行快速覆盖，这样的一个小景观足以引开你的注意力，同时还愉悦了你的眼睛。

花境要素

尺寸　1米×1米
配置　任何有缺口的花坛、一个不想看到的堆肥箱或者一个集雨桶
土壤　任何排水良好的土壤
地点　全阳或半阴

采购清单

- 金鱼花或者旱金莲（*Ipomoea lobata or Tropaeolum majus*）　1株
- 柳叶马鞭草（*Verbena bonariensis*）　3株
- 美人蕉"芭蕉叶"（*Canna* 'Musifolia'）　3株

种植与维护

种植美人蕉前在土壤里混入一些有机肥。把它们放在场景的后半部分，这样它们的大叶子可以成为柳叶马鞭草和金鱼花开花的背景。把柳叶马鞭草种在美人蕉前面，种植成三角形，中间留出空间给金鱼花。也可以把藤蔓植物种在一个漂亮的盆里，放在马鞭草三角形中间。在干旱的日子里要定期给花坛浇水。美人蕉大大的叶片需要大量的水分。在冰冻地区，要挖起美人蕉块茎放在无霜冻危险的地点储藏过冬。给柳叶马鞭草覆盖一层稻草可以保护它们。

金鱼花

柳叶马鞭草

美人蕉 "芭蕉叶"

可替换植物

旱金莲

夏日阳光盆栽

行动起来! 为你的露台增加一点夏日阳光的感觉,创造引人注目的盆栽景观。这种清新的黄色和白色色调营造出了一种观花和观叶植物的组合效果,非常吸引人。要仔细选择有一定高度的植物,当然,较低矮的植物也要有趣味。攀爬的黑眼睛苏珊会自行缠绕上藤条架,而金鱼草"蔓延白"和斑叶金玉菊慵懒的枝条把花盆外缘很好的掩盖了起来。

盆栽要素

尺寸	直径大约30厘米、高30厘米的红陶盆
配置	阳台或露台
肥料	盆栽专用的复合型肥
地点	全阳

采购清单

- 金鱼草"蔓延白"
  (*Antirrhinum* 'Trailing White') 1株
- 矮牵牛花"虹彩阳光"
  (*Petunia* 'Prism Sunshine') 2株
- 白色矮牵牛花(White Petunias) 2株
- 黑眼睛苏珊(*Thunbergia alata*) 1株
- 斑叶金玉菊(*Senecio macroglossus* 'Variegatus') 3株

种植与维护

在花盆底部放上碎瓦片或者大块的泡沫以利排水。用多功能盆栽植料装满花盆,在花盆边缘土层下放一些缓释肥。在盆里立一个90厘米高的竹竿三脚架,要确保三只脚稳固地插入了介质中。先种植黑眼睛苏珊,把枝条绕着竹竿固定好。低处的植物沿盆边缘等距排开种植,浇透水。

夏天尤其是热天要勤浇水。如果种植时植料里没有加肥料,那么每两星期施一次液体肥料。

金鱼草"蔓延白"
❀ ◍ ☼

矮牵牛花"虹彩阳光"
❀ ◍ ☼

黑眼睛苏珊
❀ ◍ ☼

斑叶金玉菊
❀ ◍ ☼ ♛

高攀的铃铛

这个盆栽的中心是瀑布般垂落的紫红色降落伞,这其实是红萼藤攀缘而上的枝条上缀满的花朵。一个高而深色的陶盆是银绿色叶片的蜡花"紫晕"和垂吊香茶菜的完美陪衬。简单的色彩组合,只有银色和紫色/浅紫色,就营造了一个很和谐的场景。同时再配上红萼藤如此别致美丽的花朵,就创造出了最有冲击力的效果。

这样一盆盆栽单独放在阳台中间或者靠着一堵墙中间,看起来会非常棒,也可以放两盆同样的对立如同岗哨一般,分立于门道两边。

盆栽要素

尺寸　直径大约45厘米、高55厘米,光滑表面的陶盆

配置　阳台中心或门边

肥料　含有黏土、沙及有机质的盆栽肥料

地点　阳或半阴

采购清单

- 垂吊香茶菜
  (*Plectranthus zatarhendii*)　　3株
- 红萼藤或者蓝花吊钟藤
  (*Rhodochiton atrosanguineus* or *Sollya heterophylla*)　　1株
- 蜡花"紫晕"(*Cerinthe major* 'Purpurascens')　　2株

种植与维护

在花盆底部放上碎瓦片或者泡沫塑料以利排水。用多功能盆栽植料混合缓释肥装满花盆。在盆中心立一个竹竿三脚架,要确保三只脚稳固地插入植料里。先种植红萼藤,把嫩枝条绕着竹竿固定好。然后把两棵紫晕琉璃草种好,最后是香茶菜,都沿盆边缘排开种植。

给盆浇透水。如果之前忘了在植料里加入缓释肥,则每两星期施一次专用的液体肥料。

垂吊香茶菜
🌿💧☀

红萼藤
🌿💧💧☀🏆

可替换植物

蜡花"紫晕"
❄❄❄💧☀

蓝花吊钟藤
❄💧💧☀☀🏆

修剪和繁殖

每年对藤蔓植物进行一些修剪对于它们的生长会非常有益，因为适当的修剪会刺激植株新的生长，同时变得更加健壮，未来花果也将更为繁茂。本章概述了一些基本的修剪方法，以及几种针对普通藤蔓植物修剪的具体要求。另外，这里还会介绍一些简单的植株繁殖方法，比如压条和扦插。在本章最后的部分还会一步步教你如何运用这些方法繁殖你的植株。

基本修剪技能

在藤蔓植物生长的某些时期,需要进行修剪。有时是为了整理那些过长的枝条,也可能是修补暴风雨过后的植株损害。无论修剪的原因是什么,在你动手操作之前先了解一些基本的修剪技能是非常明智的。

清洁工具与操作安全　在进行任何修剪之前,要确保工具的清洁和锋利。对大部分修剪工作来说,为保护起见,你需要戴上厚厚的手套。如果在高处操作,那么需要找一架坚固的梯子或是双层阶梯,若有必要,当你工作时请别人在梯子下方扶稳。要知道修剪时需要双手同时操作,所以在梯子上工作还是有一定危险的。

互生芽植物的修剪　当你修剪月季或其他互生芽的植株时,在芽上端宜斜切,切面最高位点在芽苞正上方,切面最低位点与芽的基部持平。

对生芽植物的修剪　修剪对生芽的植株更简单,直接在两个对生的健康芽上部呈水平向修剪,如果两颗芽苞已经开始发芽了,小心不要夹剪到正在萌发的芽点。

修剪哪些   在进行修剪前要先判断哪些枝条是需要修剪掉的。首先，剪掉那些枯死的、有病害的、长势非常弱或者横着长的枝条。这些横着长的枝条会互相挤撞，引起损伤（上图所示）。那些受损的枝条也需要剪掉，一直剪到健康的芽苞上方即可。

修掉老枝   那些枯死的枝条（如上图）或衰老的长势弱的木质化枝条，需要尽快剪掉。病枝更应该立刻去除。当剪掉枝条时，应该剪到健康部位的一个芽或一对芽上方。

修剪稠密枝条   过密枝条的修剪可以使用大的园艺修枝剪，也可以用锋利的锯子来切割。长柄的修枝剪看起来很像更坚固的修枝剪，但它的长柄其实还可以起到杠杆作用，所以既方便，又省力。

摘除藤本月季的残花枯头   大多数植物可以通过去除残花来延长花期，这样可以避免植株营养转化为果实的生长而形成更多的花。藤本月季花只要凋谢就立刻剪掉，修剪时用园艺剪仔细进行。

月季拱门的修剪与整形

攀缘在拱门上的玫瑰或月季如果给予适当的修剪，则会以年复一年的壮观效果来回报你的劳动。藤本月季的修剪一般在秋季进行，记得戴上防护手套。

修剪前　　　　　　　修剪后

这棵拱门上的月季，株型已经混乱不堪，新老枝条纠结在一起，开花的潜力下降，看起来凌乱无序。

留下健壮的枝条，绑扎在拱门上，而老枝条已经修剪掉。这样来年夏天就会显出很壮观的拱门效果。

| 1 | 在秋季，首先除去那些枯枝、病枝、衰枝或者横长的枝条，只留下最健壮的且能达到预期形状的枝条。 | 2 | 剪掉刚刚开过花的枝条，留下2/3长，保留健壮、饱满的芽，剪切面应该是斜面有一定角度的，这样雨水就会从斜面流掉而不影响芽苞。 |

| 3 | 对于已经定植的藤本月季，用长柄剪从基部剪掉那些不发新枝的老枝条，用手锯更好，因为切面可以更平滑。修剪后可以刺激植株萌发新的枝条。 | 4 | 最后，将剪后的月季新枝用聪明钩固定在拱门上。可以用可调节的塑料绳结，或用园艺麻绳系成"8"字形以固定枝条。 |

铁线莲的修剪

铁线莲的修剪有3种方式,主要由花期的早晚决定。首先,确认铁线莲所属类型,然后按照下面的指示方法进行。

铁线莲的3种修剪类型

铁线莲可以按品种分为3个不同的修剪类型(见下图和右图),大多数参考书和植株上附带的标签都会注明铁线莲所属修剪类型,以及修剪时期和修剪方法。

类型一　这一类型的铁线莲是早花型的,实际上,它们在修剪类型中属于最轻度修剪的那种。这一类型的铁线莲包括高山铁线莲(*C.alpina*)、小木通(*C.armandii*)、卷须铁线莲(*C.cirrhosa*)、长瓣铁线莲(*C.macropetala*)、蒙大拿铁线莲/绣球藤(*C.montana*)和相关栽培品种。

类型二　这一类型包括早花到中花的大花杂交品种,在晚冬或早春,新芽没有萌发之前进行轻修剪。品种"鲁佩尔博士"(*Clematis* 'Doctor Ruppel')、冰美人(*C.* 'Marie Boisselot')、"巴特曼小姐"(*C.* 'Miss Bateman')都属于这一类型。

类型三　包括晚花、大花杂交品种,以及晚花的种类和小花杂交品种,它们需要在早春新芽萌发之前进行重修剪。有全缘铁线莲杂交种"杜兰"(*Clematis×durandii*)、甘青铁线莲(*C.tangutica*)、以及长花铁线莲(*C. rehderiana*)。

类型一

这一类型的铁线莲需在花开后进行修剪,尽管它们可以不修剪,但是进行修剪疏枝后,第二年会开出更多的花。

在修剪成型之前,最好除掉枝条顶端那些死掉的或将要死掉的枝条。因为这样可以为植株创造通风、枝条开放的结构,剪掉那些已经形成的过密枝条。修剪的位置应该在两个健壮芽的上部。但是一般说来,不要修剪太多,你只需要整理这些铁线莲并保持它们的株型。

这棵铁线莲在格架上已经长得杂乱无章了,需要修整了。

仔细剪掉那些你不想要的枝条,修剪的位置直到一对健壮芽为止。将疏松的枝条用线绑扎到格架上。

类型二

这一类的铁线莲通常是中期开花、大花杂交品种，修剪之后表现最好。通过修剪，你的铁线莲就会开出更大、更健壮的花朵来。

为了获得强健的枝条，在冬末或早春新生命开始之前，就要去掉所有死去的枝条、病枝或细长枝。修剪枝条到一对健康芽处，为它们留下一个充分的生长空间，为了得到长的开花效果，一些枝条重剪到基部，那些轻剪枝条开花在老枝条上，而那些重剪枝条会在新枝条上晚些时间开花。

此类型铁线莲要向下修剪到一对健壮芽处，而不要损伤那些显露出来的芽。

把有饱满芽的健壮枝条绑扎到格架支撑物上，把枝条分开到最大覆盖面。

类型三

这一修剪类型的铁线莲多为晚花型，也许是最先需要进行修剪，在冬末或早春修剪时可以剪到近地面水平。

用修枝剪首先去掉死掉的或即将枯死的枝条，小心不要损伤从植株基部刚萌发出的新芽，然后剪掉远离支撑物的部分，修剪到距离地面15~30厘米一对健壮芽处。

这一类型的铁线莲可直接剪到近地面的部分，以促发健壮和旺盛的新枝条。

半修剪的铁线莲枝条将显示刚萌发的芽没有受到损伤，重修剪的枝条则促发基部萌发出更多的芽。

修剪贴墙的藤本月季

如果我们不去定期修剪藤本月季，它们的生长就会失去控制。每年我们值得花些时间去清理那些不想要的枝条，并重新梳理月季的架构和支撑物。

成功小窍门

为了延长藤本月季的花期，要及时用修枝剪刀剪除那些开败的花枝。

1 在做出任何修剪动作之前，首先要远距离观察月季的整体情况，在脑海中设想一下修剪后的形状，做到心中有数，这样当你爬上梯子作业时就知道该剪掉哪些枝条了。

2 在秋天或初冬，此时月季花期已过，剪掉枯枝、病枝、徒长枝。用修枝剪剪掉那些长的位置不佳的主枝。若枝条太粗，就用锯子。

3 剪短侧枝到2/3，留下大约15厘米长，保留那些位置朝外的芽，以便这些芽萌发后能够顺利生长。

4 重新定位剩下的枝条，用绳子绑扎在支撑网架上。绑扎时把枝条归位，避免枝条交叉在一起。

5 最后结果应该是一个开放有序的结构。这里有一支枝条有交叉，弥补了另一侧空间，但不影响其他主枝生长。在植株基部覆上腐熟的动物厩肥或园艺堆肥，以达到护根和保湿的效果。

其他月季修剪和整枝法

若进行有规律的修剪和仔细的照顾，月季会长得很好，所以找出哪种方法最有利于你的植株很有必要。在修剪前，先确定月季是藤本的还是蔓生的。

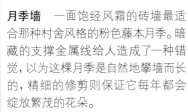

月季墙　一面饱经风霜的砖墙最适合那种村舍风格的粉色藤本月季。暗藏的支撑金属线给人造成了一种错觉，以为这棵月季是自然地攀墙而长的，精细的修剪则保证它每年都会绽放繁茂的花朵。

修剪蔓生月季

蔓生月季比藤本月季更茂盛，它们有着柔韧的、蔓生的枝条，非常适合塑形附于树干或藤架上，夏季开花后就要进行修剪。修剪前先解开绑扎带，去除所有枯死的或患病害的芽，老枝条剪掉1/3，然后剪短到8厘米处，留下3个健壮的芽，并且再用园艺铁丝把植株绑到支撑物上。

修剪侧枝以促进植株更加茂盛生长

三脚架上的月季造型

藤本月季用木质三脚架做支撑物可以产生杰出的效果，尽量让这些枝干围绕直立的支撑物生长，这样可以获得尽可能多的覆盖面，隔一段距离钉一些小的金属钉，可将枝条固定于枝干。在秋天或冬天，一旦月季已经长出三脚架的顶端，就剪掉上部枝条，并且剪掉所有的侧枝只保留3个健壮的芽。

剪掉疯长的枝条来保持株型

用垂绳来为月季造型

低垂有弧度的粗绳也常用来做藤本和蔓生月季的支撑。当月季长到足够大可以达到绳索的水平高度时，将枝条沿着绳子方向缠绕生长，这样看起来最自然了。剪掉侧枝保留3个芽，然后在适当的位置用园艺线固定。小心不要强行按压那些脆弱容易折断的老枝，以免折断。

在木质框架上制作月季的蜿蜒造型

为了塑造出引人注意的造型，月季需要在木质框架或有质感的格架上造型成蜿蜒曲折的流行风格，而不是绑扎在随便一个支撑物上。当新枝条柔韧时，把这些枝条插空编织起来，经过另一个空隙再扭过来。在秋天或冬天，剪短边上的枝条到3个或4个芽，以促开更多的花。

剪短侧枝　　　　　　系紧松掉的枝条

在木质框架上编织月季枝条

确保花朵持续开放

为了促使多季开花的月季开花时间尽可能地长，一发现老的花枝就可以去掉。可以用手指直接掐掉或者用修枝剪剪掉。去除残花还可以防止月季结果而减少开花。如果你是希望在秋天欣赏多彩的带果枝条，那些单季开花的月季残花就不用去除了（留着结月季果实）。

更新老枝条

经过几年后，藤本月季开始木质化，开出的花量也变少了。解决办法就是重新进行修整，也就是剪掉植株老枝条，以促发新枝条替换，在2年或3年内，每年修剪1或2个老枝条到地面上30厘米，直到所有的枝条都替换一遍，在修剪后进行全面的有针对性的施肥。

去掉残花　　　　　　留下那些用于观果的花

剪短老枝条来更新月季植株

修剪紫藤

当令的季节中，再没有比成熟的紫藤开花更为壮观繁茂的景象了。为了保证紫藤一年又一年开出大量的花，在夏天和冬天需要进行仔细的修剪。可按照这里给出的步骤进行修剪。

成功小窍门

修剪那些沿着垂直支撑物攀缘的茎干，以促发尽可能多的花。

1 若不去管理任其生长，紫藤花会长出长长的枝条，到了夏天就变成杂乱无章了。若修剪成平铺在墙上或篱笆上，来年会开出很多的花。

2 在夏末，大约花期过后两个月，用修枝剪剪短主枝上的新枝条到15厘米长，留下不超过6片叶子，小心不要损伤芽。

3 在冬天剪短那些夏季修过的枝条到8~10厘米，留下2~3个芽，这样就可以促使短的侧枝形成，以利于来年开花。

4 紫藤花整体进行修剪是很重要的。形成短枝框架结构，要将枝条紧紧地绑扎在支撑物上，以避免下一季节开花时太重而折断枝条。

修剪普通藤蔓植物的技巧

大多数藤蔓植物都需要修剪，即便是只需
要修剪掉乱长的枝条。这里有针对最普通
藤蔓植物的修剪时期和修剪方法的一些
建议。

常春藤（*Hedera*） 如果不定期修剪，常春藤会四处侵
占地盘。如果得到好的修剪，那么将会促使更多芽苞萌
发、产生新的长势。

如何修剪 常春藤可以在一年中的任何时候进行修剪，
但是为了避免错过开花，有必要让它自然生长，在冬季末
期或早春剪短枝条。

素方花（*Jasminum officinale*） 素方花若不进行修剪，
就会在很短几个季节中长成浓密的灌木丛，所以需要花
些时间修剪成型，它们会长出更多的枝条，并绽放出更多
花朵作为你前期辛勤工作的回报。疏枝也可以使得预防
斑点病和虫害变得更容易。

如何修剪 花后就立刻进行修剪，首先去掉所有枯枝、病
枝，接着把那些开过花的枝条剪短到健壮芽生长的部位，
然后对密不透风的枝条进行梳理。即便是修剪，也应该留
下大量的健壮枝条，以便于来年夏天开出大量花来。

金银花（*Lonicera*） 这是一种真正受人们喜爱的、充
满甜蜜芳香味的植物（见右图），若不进行管理就会变得
张牙舞爪。它经常漫无目的地向空中生长，于是大多数花
和叶就会集中在植株顶端，下面则是光秃秃的毫无吸引
力的枝条。经常修剪可以促使基部的芽开始萌发，这样
可以帮助矫正那种"头重脚轻"的发展趋势。

如何修剪 金银花最好的修剪时期是夏末开花后，针对
一棵成熟、健壮的植株，用修枝剪剪掉侧枝，以促发低处
枝条生长，主枝上的较小或较嫩枝条应该剪短到2~3个
芽。修剪老的且茂盛的植株，在秋天或冬天剪短所有枝
条到60厘米左右。

西番莲(_Passiflora_)　根据它的长势，一株生长旺盛的植株或许不需要修剪(见右图)。若可以沿着大树攀爬，就任其自然生长。可是若想获得姣好塑形的样板植株还是需要一定的修剪，修剪时，硬的木质化枝条需要用锯子锯。

如何修剪　修剪应在花后立即进行或在新的生长开始之前的晚冬和早春进行。剪掉侧芽，以留下主干上的3个或4个芽。一般的修剪只需要稍微剪短枝条，让其有足够的生长空间即可。

五叶地锦和爬山虎 (_Parthenocissus_)

爬山虎(见左图)和五叶地锦(_P.quinquefolia_)是生长非常快的藤蔓植物。另外，它们低处生长的枝条不论在哪里，只要一触到土壤就会生根，导致花园中到处长满植株。因为这一点，修剪就相当的重要，否则你就会被多余的植株所淹没。

如何修剪　在早冬修剪前要等到秋天的叶子掉落后，剪短那些长长的和已经超出预留空间的枝条，总是剪到健壮芽处，这样会萌发新枝条。夏天过度生长的枝条也可以做同样的处理。

观赏葡萄 (_Vitis_)　像上图中的爬山虎一样，观赏用的葡萄(右图)，通常因秋天丰富多彩的颜色而受到人们的喜爱，让它们爬在棚上或附属房屋上，沿着围墙或者是围绕花园的围栏，或安置在格架或凉亭上。无论你选择什么样的方法，少量修剪应该不会有很大问题。若是在夏天修剪，或许要舍弃掉部分秋天多彩的叶色。

如何修剪　对于不规则式的生长植株，在冬至前后或仲夏左右，将植株控制在预定的范围。如果是在墙面、绿廊或者格架上攀缘成形的植株，则在冬末或者早春进行修剪，控制侧枝的芽苞在3~4个。

通过"压条法"繁殖植株

压条方式是繁殖植株的最简单方法,通过将低处枝条弄出伤口,然后保持与土壤接触直到伤口处长出新根。这个基本的方法可以用在很多藤蔓植物上。

有些藤蔓植物,包括络石(也称"星茉莉")和常春藤,通过茎干或枝条与土壤的接触而进行自我繁殖。可是大多数藤蔓植物的繁殖还是需要外力援助,通过自然式压条或者波状压条都可以。下面的藤蔓植物就可以使用这些方法繁殖新株。

普通压条法

- 五叶木通
  (*Akebia quinata*)
- 啤酒花(*Humulus lupulus*)
- 西番莲(*Passiflora caerulea*)
- 青棉花(*Pileostegia viburnoides*)
- 钻地风(*Schizophrama integrifolium*)
- 紫葛(*Vitis coignetiae*)

波状压条法

- 牯岭蛇葡萄(*Ampelopsis brevipedunculata*)
- 杂交凌霄(*Campsis x tagliabuana*)
- 南蛇藤/过山风(*Celastrus orbiculatus*)
- 铁线莲(*Clematis*)
- 鹰爪枫/三月藤/牵藤
  (*Holboellia coriacea*)

1 融融春日里,在你想压条的植株附近,埋下一个直径10厘米的花盆。将花盆一直埋到盆口与地面齐平,填入新鲜的多功能混合营养土,然后用手指轻轻地压紧。

2 选择一条健壮的、长在低处的枝条,然后拉到盆器附近。用一个锋利干净的小刀,在枝条的下面两个节之间划一个伤口。

3 把伤口部分蘸上一些生根粉,它们是帮助加快根系生成的激素,用手指去掉枝条上多余的粉末。记得碰过生根粉后要洗手。

4 取一小段金属丝弯成"U"形，然后扣在枝条上方，同时将枝条压入介质中。有必要的话再覆盖一些营养土在枝条上。

5 在埋进土中的花盆旁边支一根竹竿，同时将露在外面的活动枝条系缚在竹竿上。秋天到了，新的根系就会形成，然后剪断老枝条正式脱离母株。

波状压条法

波状压条使每段枝条上可以产生更多的植株。在春天，在选好枝条的叶片之间刻划出一系列的伤口，然后每个伤口处蘸上生根粉，用U形金属丝将枝条刻过的部分固定在营养土下。如有必要可再覆土。到了秋天，小植株就可以从母株上分离开来。

通过扦插繁殖植株

用扦插法繁殖，你可以选用春天刚萌发的新梢，或者夏末的半木质化、木质化枝条。过程都大同小异，不过嫩枝扦插成活不是很可靠。

半木质化枝条扦插
- 木通（巧克力藤）（*Akebia*）
- 智利藤（*Berberidopsis*）
- 凌霄花（*Campsis*）
- 铁线莲（*Clematis*）
- 西番莲（*Passiflora*）
- 络石（*Trachelospermum*）

嫩枝扦插
- 紫葳（*Bignonia*）
- 常春藤（*Hedera*）
- 藤绣球（*Hydrangea*）
- 忍冬（*Lonicera*）
- 五味子（*Schisandra*）
- 紫藤（*Wisteria*）

1 用半木质化枝条进行扦插时，用锋利的修枝剪剪成10~15厘米的枝条，仲夏到早秋，在枝条能够被稍微折弯时进行。嫩枝扦插在晚春进行，枝条4~5厘米长即可。

2　用清洁锋利的小刀或修枝剪，将每个插穗修剪整齐，使最下面的节对齐。用手指去掉最下面的叶片，留下一段光滑的枝条。软枝扦插则需要去掉一半叶片。

3　尽管大多数枝条不需任何措施就会生根，但是若在枝条末端蘸上生根粉就会增加生根机会，轻轻甩动枝条以去掉多余的生根粉，之后记得洗手。

4　在花盆中填上营养土，为了增加排水性可加入一些珍珠岩，枝条间隔扦插，不要让叶片互相挨着，一个直径9厘米的花盆中可以扦插10根枝条，最后浇透水。

5　在花盆上套上一个干净的塑料袋，插条间插上几个棍子以顶起塑料袋，用皮筋箍住花盆边缘。放在一个培育箱里，或者放在温暖的窗台上，大约8~12个星期后插条会生出根。

藤蔓植物的
养护

所有植物多多少少都需要一定的养护，以期获得最佳的园艺表现，藤蔓植物也不例外。在养护管理时，要做好浇水、施肥这些基本事项，同时也需密切关注病虫害的发生。在本章节，你可以了解到如何节约浇水，有利植物健康的施肥时机和施肥方式，以及常见的病虫害种类和防治方法。在后面部分，各个季节的养护工作亦一一列明。

藤蔓植物的浇水和施肥

想要让你的植物长得更好, 定时浇水和施肥对它们很重要。在水资源日益短缺的年代, 需要选择一种有效的浇水方法, 既能使植物健康地生长, 又能最低程度减少水资源的浪费。

浇水时机和浇水对象

成年植株仅仅在持续高温炎热的时期需要浇水, 而那些刚种植的幼苗和盆栽藤蔓植物则需要更有规律地浇水。早晨或者傍晚, 蒸腾率最小的时候浇水最有效。

聪明的浇水技巧

浇水方法有很多种, 但是向花和叶片上喷洒大量的水, 并不是有效的浇水方法之一, 因为这样浇水, 在根能吸收到这些水分之前, 大部分已经蒸发掉或者顺着叶片和花白白流走了。如果是人工浇水, 用水壶或者浇水龙头直接将水浇灌树干基部周围的土壤, 避免浪费。

较为经济的浇水方式, 可以用一些多孔的橡胶软管放置在土壤表面, 组成一个灌溉系统, 这样的灌溉系统更靠近植物根系, 通过人工控制或者用定时器来按照预先设定好的次数给水, 直接将水滴在土壤上。如果想要进一步提高水的利用率, 可以用一些园林覆盖物来覆盖这些橡胶软管。

盆栽藤蔓植物的浇水方法

盆栽的藤蔓植物, 因其根系被限制在盆器的有限介质中, 所以比种在花坛里更容易缺水。在炎热的天气里, 盆栽藤蔓植物每天只浇一次水是不够的。栽植这些藤蔓植物时, 可以在混合介质中加入一些保水剂, 来帮助它们保持湿润。想照顾好这些藤蔓植物, 需要对它们进行日常观察, 适时浇水。浇水时, 每次给尽量长的渗透时间, 确保水分能从上一直渗透到花盆底部。你也可以考虑添置一个能把所有的花盆和盆器都连起来的自动浇水系统, 通过中央定时器来控制, 这样确保在你外出或度假时, 也可以通过设定浇水间隔时间来控制浇水频率。

幼苗的施肥

想要使你的藤蔓植物从幼苗生长时期开个好头，需要倾注你很多努力。种植幼苗时，种植坑以及周围土壤施入充分腐熟的农家肥或混合堆肥，这些有机物会缓慢释放养分，使幼苗茁壮成长（同时也能改良土壤的保水性）。或者，在回填土的过程中混入一些合成的常规化肥，它们是一些白色的小颗粒，混合在土壤中很容易看见，根据肥料制造商的建议，幼苗的施用量比成熟植株的要小很多。

年度施肥

植物的施肥，没有必要按照严格的施肥日程表来进行。每个生长季可以在土壤或是混合介质中施用一次缓释肥或控释肥，它们会在一段时间内以一定的速率慢慢释放营养物质。这些小颗粒可以在种植时就添加到介质中，或者是施加在特定的某一棵藤蔓植株周围的土壤中。这种施肥方法的好处在于，你只需要记得一个生长季节施肥一次，其他的施肥方式可能因疏忽而出现施用过量的烧苗现象，过量施肥导致的营养过剩通常比不施肥对植株的危害更大。所有肥料在使用时都要仔细按照厂商的使用说明来。

速效追肥

即使已经给这些藤蔓植物施加了充分腐熟的农家肥和控释肥，它们在生长季节仍然需要增加一些营养。如果你用的是排水性很好的土壤，那么营养物质很容易流失；或者发现叶片发黄或褪色，怀疑是否是因为缺少营养所导致。这样的情况下，植物需要额外施肥。速效肥通常是已经配好的液体肥或其浓缩液，或者是水溶性粉剂。液体肥料一般用喷壶浇灌，有时候也可以直接叶面喷施。你也可以购买灌装高浓度的液体肥料，用定比肥料稀释器连接在水龙头上，浇水时，适当营养量的肥料会自动混合到水中。

使害虫远离植物

不管怎么用心照料，在某一棵藤蔓植株上某一个部分总会出现害虫。我们能做的，就是使植株保持健壮来抵御害虫的侵袭。如果你看到植株上有害虫，迅速采取措施来减少损害。

抵御病虫侵袭　对于你最喜爱的植物，种植一些抗病虫的品种可以减少受侵袭的机会，同时，保持植株生长健壮，并且选择适合在你花园环境中生长的植株。健壮有活力的植株比那些长势细弱的植株更能抵御病虫害的侵袭。

早期预警信号　每天绕着花园走走，如果可能的话，注意观察植株上的虫害，在第一时间，鉴别哪些是害虫，并采取最佳的措施来与这些虫害作斗争。如果能够及时发现问题并处理得及时，许多害虫可以被根除或者至少保持在可以控制的水平。

园丁之友　鼓励瓢虫、草蜻蛉以及其他益虫入驻花园中，通过它们自己的方法，这些环境友好型害虫天敌将会很快证明它们的价值；但是请注意，许多杀虫剂同时也会把瓢虫和草蜻蛉这样的益虫杀死。

瓢虫幼虫

根除问题　一些简单的对付害虫的方法也很有效，比如用塞满干草或麦秆的花盆倒扣过来诱捕蠼螋。有些害虫用化学药剂来处理最有效，你应该选择最适合的药剂产品并谨慎使用。

鉴别常见害虫

粉虱　这是一种小型吸液昆虫，能使叶片卷曲并分泌出糖类物质从而形成黑霉病。可以用专门的喷雾药剂控制。

盲蝽　盲蝽成虫从植株的嫩芽中吸食汁液，导致叶片卷曲且布满洞眼，可以用专门的喷雾药剂来控制。

藤蔓植物象鼻虫　象鼻虫成虫蚕食叶片边缘，而它们的幼虫吃根致使茎秆死亡。用专门的杀虫剂或杀线虫剂浇灌土壤。

蛞蝓和蜗牛　在潮湿的天气或者晚上，蛞蝓和蜗牛会出来蚕食叶片、茎秆和果实。用专杀蛞蝓的药剂或者采取有机农药来控制。

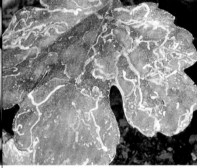

潜叶虫　就是这种虫的幼虫造就了叶片上灰白的"坑道"，当你看到这样的叶片，尽快把这些病叶摘除并销毁。

红蜘蛛　叶片和嫩芽上出现斑点和细微的网状物时，就是红蜘蛛出现的症状。可以用生物防治或药剂喷洒。

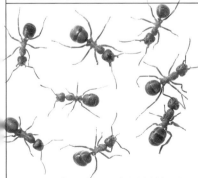

蚂蚁　蚂蚁筑的巢能破坏植株根系，同时从蚜虫那里取食蜜露，协助蚜虫生长，这对植物来说，比害虫更讨厌。

蚜虫　这些吸汁害虫能引起植株扭曲生长，想办法促使瓢虫和草蜻蛉捕食它们，或者用药剂喷洒。

蠼螋　蠼螋会嚼食花瓣。防治时可以在花盆塞满干草或麦秆，然后倒扣过来或者喷洒杀虫剂（见114页图片）。

藤蔓植物病虫害

处理植物病害时，预防比治疗更重要，所以定期检查一下植株，看看有没有早期的发病症状。如果植株看起来是比较病弱的状态，查出问题所在并及时处置。

满足植物所需　预防疾病的最好方式就是保持植株健壮，因为健壮的植株比虚弱的植株更能抵御疾病的侵袭。在合适的条件下种植，牢记它们的抗寒性、适宜的土壤类型、排水的要求、种植方位以及需肥特性。

警惕病毒　病毒通常会导致植株生长扭曲或发育不良、出现白色斑纹或者花朵和叶片变色。及时移除任何一个带病毒的植株，清洗工具，不要在这些区域再种相似类型的植物。

预防问题　及时清除植株周围地面上的病株残体来阻止病害蔓延。摘除并处理掉落下来的叶片、枯枝、残花以及一些看起来已经患病的部分。这些工作要经常做。

治疗病害　病害一般需要特制的喷雾药剂。在购买药剂之前，需要通过书籍资料、网上信息或者咨询园艺专家来正确鉴定问题所在。

识别常见病虫害

铁线莲枯萎病　枯萎病的症状是叶片和嫩芽枯萎最后死亡。病发后要将感染的木质枝条修剪掉。在栽植铁线莲时，比原来盆栽时种植得更深一些，这样可以保护土表下的休眠芽，当枯萎病发作时，下面的芽苞还有机会可以重新长出嫩芽。

珊瑚斑病　在死亡的木质茎干和枝条上能找到小的橘红色脓包，这些真菌可以从死亡的木头传染到健康的组织上从而引起植株死亡。剪除并处理掉这些感染的病枝，千万不要将病枝用于制作堆肥。

霜霉病　叶片上出现变色的区域，在叶片反面长出了灰色的绒毛，这是霜霉病的症状。摘除并处理这些受感染的叶片，增加植株周围的空气流动，避免过多浇水。

白粉病　受感染的叶片和嫩芽上会覆盖一层白色粉末。摘除并处理掉受感染的部分。尤其是生长在干燥土壤上的植株，要避免从上而下的浇灌（因为水珠沾在枝叶之间，如果没有干透，空气不流通很容易滋生病菌）。如有必要，喷洒对症的杀真菌剂。

锈病　通常叶片和茎干上会出现橙色或棕色的脓包。去除这些恶心的部分并毁掉病害枝。植株周围增加空气的流通，如有必要可以使用杀菌剂。尝试种植一些抗锈病的品种。

黑斑病　这种真菌病害能在月季的叶片上产生黑色斑块并最终导致叶片脱落。剪除受感染的叶片并及时处理掉。在春天喷洒有效的杀真菌剂，并根据生产商的使用说明反复进行。

藤蔓植物的秋冬养护

在秋冬季节植物需要精心管护,以确保它们在春季到来时仍然很健康。一些藤蔓植物可以在秋季栽植,而其他植物大多在这个季节进行育苗。

一年生植物

浇水与施肥

- 给仍然在开花的一年生植物持续浇水,特别是养在花盆和容器里的。

播种与繁殖

- 把香豌豆的种子种在户外有庇护的场所,有防霜害的苗床罩子下、花盆中、炼根穴盘(深一点的种苗穴盘)里或者直接种在土里都可以。如果种在户外,在花盆、穴盘或土壤上覆盖多刺的枝条以防鸟儿把种子吃掉。

日常养护

- 从基部剪掉已经死掉的一年生藤蔓植物的茎条。
- 收获观赏葫芦的种子。
- 收集晚花型植物的种子。将种子放在纸袋或者信封中,在春季播种之前贮存在干燥、通风的地方。
- 准备好地块使之便于春天播种。

铁线莲

修剪

- 将第三类修剪类型的铁线莲中枯死的枝条剪除。

种植

- 秋季在挖好的坑里种植铁线莲,这时的土壤仍然比较温暖和湿润。

浇水与施肥

- 在气候异常干燥的时段需要经常浇水。

播种与繁殖

- 秋季在育苗箱或保温环境下的盆里播下铁线莲的种子,如高山铁线莲(在种子萌发之前必须已经经历低温阶段)。
- 在晚冬可以用压条法繁殖一些铁线莲。

日常养护

- 在大花型铁线莲杂交种基部周围堆土护根。
- 冬季通过用稻草覆盖铁线莲的冠部或者把它们包在园艺毛毡中来保护比较脆弱的品种。

秋季播种香豌豆(*Lathyrus odoratus*)种子。

秋季是种植藤蔓植物的理想季节。

月季

修剪

- 剪除已褪色快枯萎的花朵，如果你想保留月季的果实，那就先不要修剪。
- 必要的话继续修剪这些杂乱的藤本月季。
- 修剪月季，绑回到固定的框架上。

种植

- 秋季从专业苗圃中订购月季裸根苗，初冬时它们一到，只要土壤还没冰冻或水淹时，尽快栽植。
- 当气候适宜时，可以将月季种植在容器中。

浇水与施肥

- 干燥的秋季，需要持续浇水。

日常养护

- 检查月季是否被系紧固定在支撑物上，以防大风吹断。
- 用腐熟的农家肥或园艺堆肥覆盖在植株周围。

其他多年生藤蔓植物

修剪

- 修剪葡萄藤。
- 夏季修剪过的紫藤，修剪侧枝，每个侧枝留下3个芽。

种植

- 在秋季，只要土壤还没冰冻或还没浸湿，种植一些常绿草本藤蔓植物。

浇水与施肥

- 给新种植的藤蔓植物持久、彻底浇水。
- 在栽植新植株前在定植坑中加入一些缓释肥。

日常护理

- 确保植株系紧固定在支撑物上，以防大风吹断。
- 从干燥的花序中搜集成熟的种子，将种子放在纸袋或者信封中，在春季播种之前贮存在干燥、通风的地方。

保留月季火红色或可观赏的果实，不要剪除。

保持植株牢固系在支撑物上。

藤蔓植物的春季养护

藤蔓植物在春季开始新的生命旅程,每天都有新的变化。这时需要定期检查,以确保给它们提供最适合的生长条件,使它们在生长季节蓬勃发展。

一年生藤蔓植物

修剪
● 当香豌豆幼苗高出正常预期5厘米时,掐掉幼苗顶芽促生长。

种植
● 将用于秋季播种的香豌豆盆栽种植。

浇水与施肥
● 时刻保持土壤水分湿度。
● 在容器中加入缓释肥。

播种与繁殖
● 早春在覆盖物下播种一年生半耐寒藤蔓植物。
● 春季中段或晚春时节,在户外播种一年生耐寒藤蔓植物。

病虫害防治
● 留意虫害和病害,并作出相应措施。
● 在娇弱的幼苗上放置防鸟网。

常规管护
● 在幼苗周围覆盖薄层园艺覆盖物。
● 在晚春进行疏苗。

铁线莲

修剪
● 在开花后修剪过度生长的一类修剪类型的铁线莲;轻度修剪一下二类修剪类型的铁线莲;三类修剪类型的铁线莲可以进行重修剪。

种植
● 在花园里或花盆准备好的土壤中种植铁线莲。

浇水与施肥
● 定期浇水,保持根周围土壤的湿度。
● 在植株基部周围均衡施用常规肥料。

播种与繁殖
● 扦插、分株并重新种植草本铁线莲,用压条法繁殖合适的铁线莲。

病虫害防治
● 留意并控制诸如绿蚜虫之类的害虫。保护幼嫩的茎干不受蛞蝓与蜗牛的侵袭。

常规养护
● 用软麻线把幼嫩新芽系在支撑物上。
● 草本铁线莲用比较细的支撑物。

将盆栽的幼苗移植至露地。

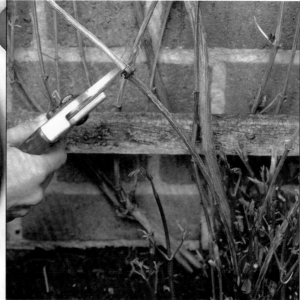

开始萌发新芽之前修剪第二类和第三类修剪类型的铁线莲。

月季

修剪

● 在早春完成藤本月季的修剪。

种植

● 只要土壤还没有冰冻和水涝时，就可以种植盆栽月季。
● 在寒冷区域推迟裸根月季苗的栽植。

浇水与施肥

● 天气暖和时给植株浇水。
● 用月季液体肥料进行施肥。

病虫害防治

● 及时控制病虫害是很有必要的。
● 剪掉被虫害或者病害侵染的小区域。
● 用手指捏除月季花朵上的蚜虫。

日常养护

● 确保植株基部有一层护根园艺覆盖物。
● 把长的枝条系在支撑物上。
● 月季栽培品种通常是嫁接在健壮野生蔷薇的砧木上。砧木上会长出的带有小叶片的徒长枝，叫做"吸枝"，如果不去除，蔷薇砧木的枝条会争夺营养，使上面嫁接的栽培品种失去活力。一旦你看到这些徒长枝，要把它们从砧木上完全根除，因为如果只是简单的剪切，又会促使新的徒长枝长出来。

其他多年生藤蔓植物

修剪

● 在新的生长季节开始之前，完成对死亡的、患病的或是错位枝条的修剪。
● 进行整形修剪。

种植

● 在土壤还没有结冰或是水涝时，将盆栽的植株移到露地栽培。

浇水与施肥

● 保持根系周围的土壤湿润，尤其是新种植藤蔓植物的周围。

播种与繁殖

● 剪取藤蔓植物的嫩枝条扦插，如五味子（*Schisandra*）和紫藤（*Wisteria*）。

病虫害防治

● 留意虫害的早期信号，并进行必要的控制。
● 保护脆弱的植株不受蛞蝓和蜗牛的侵害。

日常养护

● 将小植株系在支撑物上。

手工去除月季砧木上的徒长枝。

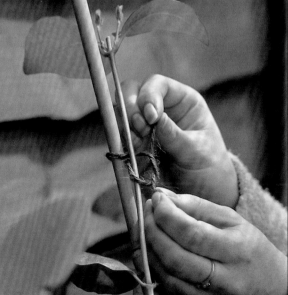

把新长出的多年生藤蔓植物嫩枝条系在支撑物上。

藤蔓植物夏季养护

植物一般在夏季达到生长高峰，这时经常给它们浇水非常重要，这样它们会持续生长并会长出更多的叶片，开更多的花。剪掉干枯死亡的花朵来延长花期。

一年生藤蔓植物

修剪
- 剪除死亡的、受感染的或遭害虫侵袭的茎秆。

种植
- 在初夏栽植一年生藤蔓植物。

浇水与施肥
- 始终保持土壤和堆肥湿润。
- 给没有添加过缓释肥的植株施肥（爬藤的旱金莲除外）。

病虫害防治
- 喷洒药剂来对付蚜虫，或者手工去除。
- 在藤蔓植物种植密度较大的区域周围，确保空气流通顺畅，从而可以防治霜霉病。

日常养护
- 在植株茎秆周围添加松软的园艺覆盖物。
- 定期修剪香豌豆可以延长花期。
- 把它们的茎秆系在支撑物上。
- 如果你不需要收集种子，摘除枯亡的花朵。

铁线莲

修剪
- 只需要修剪掉那些超出自己生长区域的枝条。

种植
- 避免在炎热干燥的天气里种植。

浇水与施肥
- 给植株施用液态肥料，尤其是那些在容器里栽培的苗，每三周一次。浇水浇透。

播种与繁殖
- 在夏季中旬用半成熟的插条扦插。

病虫害防治
- 喷洒药剂来消灭蚜虫或者手工去除。
- 保护幼嫩茎条不受蛞蝓与蜗牛的侵袭。

日常养护
- 把旧的瓦片、石子或大石块放置于茎秆周围，能保持根部阴凉环境并能抑制杂草。
- 如果植株生长旺盛就要另外再用支撑架。

给植株施用水溶性肥料或稀释的液体肥。

用瓦片遮住根部，保持铁线莲根部的阴凉环境。

月季

修剪
- 花期过后, 剪除藤本月季老的花茎。
- 剪除那些凌乱的难以系到支撑架上的枝条。

种植
- 在初夏, 仍然可以种植盆栽月季, 但在预报将有干旱或持续长时间的炎热天气时不要种植。

浇水与施肥
- 有规律的浇水可以让花朵持续开放。
- 持续用月季液体肥料进行施肥。

播种与繁殖
- 取半成熟的插条扦插。

病虫害防治
- 摘除病叶或者喷洒合适的杀菌剂来控制大面积的真菌病害。
- 用药剂喷杀蚜虫或手工去除。

日常养护
- 在茎秆周围添加一些护根覆盖物来提供营养, 保持湿润并抑制杂草。
- 摘除枯死褪色的花苞。
- 把枝条系在它们的支撑架上。

其他多年生藤蔓植物

修剪
- 留意一些受损的枝条, 并把它们修剪掉。
- 枝条上有时会长出分枝, 对于支撑架来说, 它们有可能过密或是太大了, 所以适当剪掉1~2支多余的分枝。
- 修剪紫藤的枝条, 每个枝条保留6个芽。

种植
- 盆栽植株可以一直种植, 但最好避免在炎热干燥的气候条件下进行。

浇水与施肥
- 始终保持根部周围的土壤湿润。
- 按说明书上建议的施肥频率, 给植株施用液体或通用颗粒肥料。

播种与繁殖
- 取藤蔓植物的半成熟枝条进行扦插, 如冠盖藤 (*Pileostegia*)、五味子 (*Schisandra*) 和络石藤 (*Trachelospermum*)。

病虫害防治
- 药剂喷杀蚜虫或手工去除。
- 必要时需处理白粉病或其他真菌感染病害。
- 剪除有小的感染或已经患病的叶片或枝条。

摘除残花来延长其他花朵的花期。

用干净锋利的修枝剪来修剪夏季生长后的紫藤。

植物指南

本章介绍的植物种类包括一些最美丽的藤蔓植物, 为你的花园装饰增添更多的选择, 这里列出以下3个类别来介绍: 铁线莲, 藤蔓植物和月季。其中许多品种还获得了英国皇家园艺学会花园奖项, 这表明这些植物用于装饰花园非常理想。

重要植物符号

♈ 获得RHS (英国皇家园艺学会) 花园优异奖

土壤需求

◌ 排水良好

◑ 湿土

● 涝土

日照需求

☼ 全日照

◐ 半阴或斑驳阳光

☀ 全阴

耐寒

❉❉❉ 完全耐寒

❉❉ 可以在温和地域或有保护的地域户外过冬的植物

❉ 从霜冻到整个冬季都需要保护方能过冬的植物

❀ 完全不耐任何霜冻的植物

铁线莲(Ab–Di)

铁线莲 "丰富"
(*Clematis* 'Abundance')

意大利型铁线莲，开粉红色小花，花期为仲夏到晚秋，每朵花有四个分开的花瓣和奶油色花药。最理想的应用方式是依附在灌木植物上生长，在春天需要重剪到地面。

高度：3米，三类修剪

❊❊❊ ◊◊ ☀ ☀ ☀ ❦

铁线莲 "小白鸽"
(*Clematis* 'Alba Luxurians')

意大利型铁线莲，灰绿色叶片，小白花，花瓣末端呈绿色，花期为仲夏到晚秋，最好依附在树上和灌木植物上。在春天需要重剪到地面。

高度：4米，三类修剪

❊❊❊ ◊◊ ☀ ☀ ❦

高山铁线莲 "威利"
(*Clematis alpina* 'Willy')

花期为春天到初夏，浅粉色小花，花瓣基部颜色变深，奶油色花药，花朵朝下。花后结有绒毛状的果球。需要的话进行轻修剪。

高度：2~3米，一类修剪

❊❊❊ ◊◊ ☀ ☀

铁线莲 "阿拉贝拉"
(*Clematis* 'Arabella')

这个品种无攀爬习性，紫蓝色小花，花期为仲夏到晚夏，适合做混合花境材料，或做成拱形造型。在早春剪掉上一年地面上的部分。

高度：2米，三类修剪

❊❊❊ ◊◊ ☀ ❦

小木通
(*Clematis armandii*)

几乎没有哪个品种可以与这个强健的常绿植物相媲美，因为在早春开满大量有香味的白色小花，这种植物会爬满整棵树，很快覆盖上棚架和围墙。几乎不用修剪，但是为了控制生长可进行轻修剪。

高度：3~5米，一类修剪

❊❊ ◊◊ ☀ ☀

铁线莲 "芭芭拉·杰克曼"
(*Clematis* 'Barbara Jackman')

花期夏季，杂交品种，单瓣淡紫色大花，中央有深紫色条纹，但是在强光下会褪色。叶片为三复叶，绿色，冬季落叶。晚冬或早春进行轻修剪。

高度：2.5~3米，二类修剪

❊❊❊ ◊◊ ☀ ☀

铁线莲"蜜蜂之恋"
(*Clematis* 'Bees' Jubilee')

落叶型,株型紧凑的杂交品种,适合盆栽,粉色单瓣大花,花瓣中央有洋红色条纹,随着生长会褪色,晚春和初夏会结果,在晚冬或早春进行轻修剪。

高度: 2.5米,二类修剪
❄❄❄ ◊◊ ☼ ◐

甘青铁线莲"比尔·麦克肯兹"
(*Clematis* 'Bill MacKenzie')

这种强健的铁线莲生长迅速,亮黄色单瓣铃形小花,花萼厚,有蜡质感,花期为仲夏到晚秋,花后结有毛茸茸的果球。在早春将地面上全部枝条剪掉。

高度: 7米,三类修剪
❄❄❄ ◊◊ ☼ ◐ ♈

铁线莲"蓝色峡湾"
(*Clematis* 'Blue Ravine')

大花杂交品种,轻柔的紫罗兰色花瓣,中间有深紫色的脉纹,花瓣边缘呈波状,主要在晚春和早夏开花,夏末花量很大。在晚冬或早春进行轻修剪。

高度: 2.5~3米,二类修剪
❄❄❄ ◊◊ ☼ ◐

卷须铁线莲
(*Clematis cirrhosa*)

叶面光亮的常绿品种,在晚冬和早春开出奶油色铃形花,开花时赏心悦目,卷须铁线莲的品种"威斯利奶油"的叶片是青铜色,而卷须铁线莲"雀斑"的花瓣里面是紫色花斑,有必要时进行轻修剪。

高度: 2.5~3米,一类修剪
❄❄ ◊◊ ☼ ◐

铁线莲"包查德女伯爵"
(*Clematis* 'Comtesse de Bouchaud')

这个可靠的老式品种,夏天开柔粉色单瓣小花,花瓣因其末端轻微后翻而显得与众不同,亮黄色花药,早春将地面上全部枝条剪掉。

高度: 2~3米,三类修剪
❄❄❄ ◊◊ ☼ ◐ ♈

异叶杂交铁线莲
(*Clematis* x *diversifolia*)

靛紫色铃铛般小花,花蕊为奶油色,花期是夏天和秋天。本身没有攀缘能力的枝条依靠灌木或小树生长。早春将地面上全部枝条剪掉。

高度: 2.5米,三类修剪
❄❄❄ ◊◊ ☼ ◐

铁线莲 (Do–He)

铁线莲"鲁佩尔博士"
(*Clematis* 'Doctor Ruppel')

这是一种有着经典花型的铁线莲大花品种，整个夏季都会开花，种在凉亭或门前尤其惹人注意，粉红色花瓣中间有个深粉色的条纹，中心有褐色的花蕊，冬季落叶休眠。晚冬或早春进行轻修剪。

高度: 2.5米，二类修剪
❋❋❋◊◖☼◐

铁线莲"奥尔巴尼公爵夫人"
(*Clematis* 'Duchess of Albany')

花期从仲夏到秋天，这个得克萨斯型铁线莲开出亮粉色有暗红色条纹的小花，可种植在常绿灌木上欣赏（比如紫杉），早春将地面上全部枝条剪掉。

高度: 2.5米，三类修剪
❋❋❋◊◖☼◐

铁线莲"爱丁堡公爵夫人"
(*Clematis* 'Duchess of Edinburgh')

重瓣杂交品种，早夏开花，花纯白色，黄色花药。当年生枝条或许开出有点淡绿色的单瓣花而不是重瓣花。在晚冬或早春进行轻修剪。

高度: 2.5米，二类修剪
❋❋❋◊◖☼◐

全缘铁线莲杂交种"杜兰"
(*Clematis* x *durandii*)

株型松散的杂交品种，可追溯到1870年，紫蓝色单瓣小花，到了晚夏花瓣中心有金黄色花药丛，亮绿色叶片，早春将地面上全部枝条剪掉。

高度: 1~2米，三类修剪
❋❋◊◖☼◐▽

铁线莲"伊丽莎白"
(*Clematis* 'Elizabeth')

蒙大拿型铁线莲，生长旺盛，很快就能爬满整个支撑物。花量大，浅粉色，有香味，在晚春和初夏开花。叶子有点发红接近于紫色，如需要可轻修剪。

高度: 7米，一类修剪
❋❋❋◊◖☼◐▽

铁线莲"紫罗兰之星"
(*Clematis* 'Etoile Violette')

直立型铁线莲，花量丰富，深紫罗兰色小花，有黄色花蕊，花期从仲夏到晚秋。浅颜色叶子或浅色花的灌木丛能更好地衬托出花的美丽。早春将地面上全部枝条剪掉。

高度: 3~5米，三类修剪
❋❋❋◊◖☼◐▽

铁线莲"焰火"
(*Clematis* 'Fireworks')

鲜亮颜色的杂交品种，花大，整个夏季都会开花，种在凉亭或门前尤其惹人注意，粉红色花瓣中间有个深粉色的条纹，中心有褐色的花蕊，冬季落叶休眠。晚冬或早春进行轻修剪。

高度：2.5米，二类修剪
❄❄❄ ◊◊ ☼ ☼

多花铁线莲"幻紫"
(*Clematis florida* var. *sieboldiana*)

落叶或者半常绿品种，花纯白色，紫色花蕊，花期在晚春或夏天。可以盆栽，喜温暖，需在不易受冻的区域栽培，在晚冬或早夏进行轻微修剪。

高度：2~2.5米，二类修剪
❄❄ ◊◊ ☼ ☼

铁线莲"法兰西河流"
(*Clematis* 'Frances Rivis')

高山铁线莲，灰蓝色下垂铃形花，白色花蕊，晚春开花。若种植在围墙或篱笆上会非常的吸引人。开花后结有毛茸茸的果实。必要时进行轻修剪。

高度：2~3米，一类修剪
❄❄❄ ◊◊ ☼ ☼ ♈

铁线莲"吉利安刀片"
(*Clematis* 'Gillian Blades')

花期从晚春到初夏，纯白色单瓣大花，波状花边，奶油色花药，淡绿色叶片。要求浇水充足。在晚冬或初夏进行轻修剪。

高度：2.5米，二类修剪
❄❄❄ ◊◊ ☼ ☼ ♈

铁线莲"格恩西奶油"
(*Clematis* 'Guernsey Cream')

它是最早开花的大花杂交品种之一，单瓣花，初夏开出黄色花蕊的奶油色花，为避免花色褪去需种植在半阴阳光条件下，在晚冬或初夏进行轻微修剪。

高度：2.5米，二类修剪
❄❄❄ ◊◊ ☼ ☼

铁线莲"赫尔辛堡"
(*Clematis* 'Helsingborg')

高山铁线莲，早春开出蓝紫色下垂铃形花。可种植在大盆器中，在晚夏和秋天，毛茸茸的果实又成为明显特征，没必要进行修剪，但是植株可以疏剪。

高度：2~3米，一类修剪
❄❄❄ ◊◊ ☼ ☼ ♈

铁线莲 (He-Ma)

铁线莲 "亨利"
(*Clematis* 'Henryi')

夏天开花的杂交品种, 所有铁线莲品种中最大的花, 花径可达20厘米。花纯白色, 白色雄蕊上有褐色花药。最理想的盆栽品种。在晚冬或早春轻修剪。

高度: 3米, 二类修剪

❀❀❀ ◊ ◊ ☼ ☽ ❦

大叶铁线莲 "蔚兰"
(*Clematis heracleifolia* 'Wyevale')

基部木质化的草本铁线莲, 夏天开亮蓝色管形小花。分类学上有人也把它叫*C.tubulosa* 'Wyevale'。可用作地被植物或依靠支撑物直立生长。早春将地面上全部枝条剪掉。

高度: 75厘米, 三类修剪

❀❀❀ ◊ ◊ ☼ ☽ ❦

铁线莲 "H.F.杨"
(*Clematis* 'H.F.Young*azs*')

株型紧凑, 冬季落叶品种, 叶片表面光滑, 早夏开花, 蓝色单瓣大花, 奶油色花蕊。种植于门附近的格架上, 或用铁丝固定在向阳墙上。在晚冬或早春进行轻修剪。

高度: 2.5米, 二类修剪

❀❀❀ ◊ ◊ ☼ ☽

铁线莲 "胡尔汀"
(*Clematis* 'Huldine ')

生长非常快的一个冬季落叶品种, 适合种植于墙及篱笆上, 夏天开出非常多的白色小花, 花背面有紫色条纹, 爬满整个围墙和篱笆。早春将地面上全部枝条剪掉。

高度: 3~5米, 二类修剪

❀❀❀ ◊ ◊ ☼ ☽ ❦

铁线莲 "皇家"
(*Clematis* 'Imperial')

若种植在花境边或容器中, 很容易爬满整个藤架和金字塔形花架, 大花品种, 偶尔会有重瓣, 奶油粉色花, 有深粉色中央花纹, 初夏开花, 在晚冬或早春进行轻修剪。

高度: 2.5~3米, 二类修剪

❀❀❀ ◊ ◊ ☼ ☽

单叶铁线莲
(*Clematis integrifola*)

它是不能缠绕的草本铁线莲种类, 靠依附在其他植物上作为支撑, 夏天开紫罗兰色铃形小花, 螺旋状萼片。花后结银棕色的果实。早春将地面上全部枝条剪掉。

高度: 60厘米, 三类修剪

❀❀❀ ◊ ◊ ☼ ☽

铁线莲 "杰克曼尼"
(*Clematis* 'Jackmanii')

生长强健的大花品种，宜种植在墙及门周围，开花量较大，深紫色单瓣花，花期从仲夏到夏末。早春将地面上全部枝条剪掉。

高度: 3米，三类修剪
✽✽✽ ◇◇ ☀ ◑ ♀

铁线莲 "约瑟芬"
(*Clematis* Josephine)

花期从仲夏到夏末，淡紫粉色重瓣花，玫瑰花形，需要强光照，在阴凉处的花瓣带有绿色，适合盆器栽培，在晚冬或初夏进行轻修剪。

高度: 2.5米，二类修剪
✽✽✽ ◇◇ ☀ ♀

朝鲜铁线莲
(*Clematis koreana*)

生长旺盛，开紫色朝下的铃形花，花瓣里和花边变为黄色，花期在晚春和初夏，品种 "lutea" 有纯黄色花，没必要进行修剪，但可疏剪。

高度: 4米，一类修剪
✽✽✽ ◇◇ ☀ ◑

铁线莲 "隆兹伯勒女士"
(*Clematis* 'Lady Londesborough')

淡紫至粉色大花，后褪色成银紫色，配上深颜色植株欣赏更佳。花期从晚春到夏末，在晚冬或初夏进行轻修剪。

高度: 2米，二类修剪
✽✽✽ ◇◇ ☀ ◑

铁线莲 "拉瑟斯特"
(*Clematis* 'Lasurstern')

花量丰富，落叶品种，蓝紫色大花，初夏开花，夏天后花量减少，在散射光下花的颜色更纯正，在晚冬或初夏进行轻修剪。

高度: 2.5米，二类修剪
✽✽✽ ◇◇ ☀ ◑ ♀

长瓣铁线莲
(*Clematis macropetala*)

落叶品种，花期从春天到初夏，紫罗兰色开放式铃形小花，看上去像重瓣花，当年开花后结银色果序，延长观赏期。需要时修剪过密枝条。

高度: 2~3米，一类修剪
✽✽✽ ◇◇ ☀ ◑

铁线莲(Ma–Om)

铁线莲 "茉莉亚夫人"
(*Clematis* 'Madame Julia Correvon')

意大利型铁线莲，酒红色小花，花期长，自仲夏到晚秋。花瓣扭曲，整个看起来像小小的螺旋桨。早春将地面上全部枝条剪掉。

高度：3米，三类修剪
❄❄❄ ◊◊ ☼ ◐ ♈

铁线莲 "冰美人"
(*Clematis* 'Marie Boisselot')

从仲夏到晚秋，它都不断地开纯白色单瓣大花，在花瓣中央有几条脊线，是修饰藤架和铁艺篱笆的佳选。在晚冬或早春进行轻修剪。

高度：3米，二类修剪
❄❄❄ ◊◊ ☼ ◐ ♈

铁线莲 "粉红玛卡"
(*Clematis* 'Markham's Pink')

多花长瓣型铁线莲，生长强健，亮粉色重瓣花，花期从春天到初夏。一种非常令人愉悦的品种，最好种植在格架、灌木或小树上。需要时疏剪枝条。

高度：2~3米，一类修剪
❄❄❄ ◊◊ ☼ ◐ ♈

铁线莲 "小步舞曲"
(*Clematis* 'Minuet')

花形与众不同，白色单瓣小花，花瓣纹理及边缘是略带桃红紫色，花期从仲夏到晚秋。非常适合种植于灌木及小树上。早春将地面上全部枝条剪掉。

高度：3米，三类修剪
❄❄❄ ◊◊ ☼ ◐ ♈

铁线莲 "巴特曼小姐"
(*Clematis* 'Miss Bateman')

白色单瓣大花，红色花药，花瓣中央有奶油黄色条纹，夏天开花。开花时与落叶树形成明显的对比。适合种植于盆器或格架上。在晚冬或早春进行轻修剪。

高度：2.5米，二类修剪
❄❄❄ ◊◊ ☼ ◐ ♈

山地铁线莲/蒙大拿铁线莲变种 "繁花"
(*Clematis montana* var. *grandiflora*)

生长迅速，很快爬满支撑物，花量大，白色，晚春和初夏开花。有茂密的深绿色枝条。没必要不用修剪，过密时可疏枝。

高度：10米，一类修剪
❄❄❄ ◊◊ ☼ ◐ ♈

山地铁线莲/蒙大拿铁线莲 "鲁宾斯" (Clematis montana var. rubens)

在晚春和初夏，这个极其旺盛的品种开出大量的粉色花，花蕊有奶油色花药，有茂盛的橄榄绿枝条，可覆盖于屋棚上或树边。需要时可进行疏枝引导。

高度：5米，一类修剪

❋❋❋ ◊◊ ☼ ☀

山地铁线莲/蒙大拿铁线莲鲁宾斯变种 "粉玫瑰"（Clematis montana var. rubens 'Tetrarose'）

茂盛的冬季落叶品种，花期是晚春和初夏。紫绿色叶片，粉色小花，奶油色花药。不需要修剪但是可进行疏枝。

高度：10米，一类修剪

❋❋❋ ◊◊ ☼ ☀

铁线莲 "乔治·杰克曼夫人" (Clematis 'Mrs George Jackman')

在初夏，这个落叶品种开奶白色半重瓣大花，在每个花瓣上有奶油色条纹。可种植在大的容器中，用高的支撑物，比如金属三角花架。在晚冬或初夏进行轻修剪。

高度：2.5米，二类修剪

❋❋❋ ◊◊ ☼ ☀ ♛

铁线莲 "奈丽·莫瑟" (Clematis 'Nelly Moser')

在初夏开白色单瓣大花，略带粉色，每个花瓣上有深粉色条纹，放射状红色花蕊。种植于阴凉处以免褪色。在晚冬或早春进行轻修剪。

高度：2~3米，二类修剪

❋❋❋ ◊◊ ☼ ♛

铁线莲 "尼俄伯" (Clematis 'Niobe')

从晚春直到秋天，株型紧凑的植株开出深红色丝绒般单瓣大花，映衬着黄色花药。适合种植在容器中、门廊周围，或蜿蜒攀爬在灌木丛边缘。在晚冬或早春进行轻修剪。

高度：2~3米，二类修剪

❋❋❋ ◊◊ ☼ ☀ ♛

铁线莲 "面白" (Clematis 'Omoshiro')

最引人注目的品种，白粉色大花，有紫粉色花边，初夏开花，夏末又开一季。与深色背景对照起来显得非常的出众。在晚冬或早春进行轻修剪。

高度：2~2.5米，二类修剪

❋❋❋ ◊◊ ☼ ☀

铁线莲(Pe–Ro)

铁线莲 "珠光蓝"
(*Clematis* 'Perle d'Azur')

以花量大而备受欢迎,蓝色小花,花期从仲夏到秋季。萼片末端回卷,花药是奶油色。早春将地面上全部枝条剪掉。

高度: 3米, 三类修剪

❄❄❄ ◊◊ ☼ ◒

铁线莲 "美李"
(*Clematis* 'Plum Beauty')

适合于庭院盆栽,微红至紫色,下垂铃形,花瓣边淡紫色,春天中期到晚春开花。花后结出黄色果实。需要时进行疏枝。

高度: 3米, 一类修剪

❄❄❄ ◊◊ ☼ ◒

铁线莲 "波兰精神"
(*Clematis* 'Polish Spirit')

生长茂盛,栗色丝绒般单瓣小花,花期从仲夏到晚秋。可通过种植在树上和灌木上造型,为单调的晚秋增添色彩。早春将地面上全部枝条剪掉。

高度: 5米, 三类修剪

❄❄❄ ◊◊ ☼ ◒ ♉

铁线莲 "查尔斯王子"
(*Clematis* 'Prince Charles')

它是小型花园的理想植物,蓝紫色大花,黄色花蕊,花期从仲夏到秋天。花色可能因种植位置的阳光强度而有所变幻。早春将地面上全部枝条剪掉。

高度: 2~2.5米, 三类修剪

❄❄❄ ◊◊ ☼ ◒ ♉

铁线莲 "亚历山大公主"
(*Clematis* 'Princess Alexandra')

非常引人注目的冬季落叶品种,大的重瓣和半重瓣花,粉红色,中央有浅色条纹,黄色雄蕊簇生,初夏开花,夏末只开单瓣花。在晚冬或早春进行轻修剪。

高度: 2~2.5米, 二类修剪

❄❄❄ ◊◊ ☼ ◒

铁线莲 "典雅紫"
(*Clematis* 'Purpurea Plena Elegans')

开大量的紫红色重瓣花,花径可达8厘米,与浅绿色的枝条形成明显对比。花期从仲夏到晚秋。早春将地面上全部枝条剪掉。

高度: 3米, 三类修剪

❄❄❄ ◊◊ ☼ ◒ ♉

直立铁线莲/威灵仙
(*Clematis recta*)

这个品种常常引来蝴蝶。极小白色星状花，浓香气味，花期从仲夏到秋天。一些枝条或附件植物可引导其直立生长。早春将地面上全部枝条剪掉。

高度: 1~2米，三类修剪
❄❄❄ ◌◌ ☼ ◐

长花铁线莲
(*Clematis rehderiana*)

有报春花的香味是这个品种的特征。奶油黄色铃形花，成串成串在植株高处开放。花期从仲夏到晚秋。早春将地面上全部枝条剪掉。

高度: 6~7米，三类修剪
❄❄❄ ◌◌ ☼ ◐ ♛

铁线莲"理查德·彭内尔"
(*Clematis* 'Richard Pennell')

早夏开深紫色单瓣大花，黄色花药，花瓣边缘有轻微波浪状。种植在格架或拱门上便于更好的展示。晚冬或早春轻修剪。

高度: 2~3米，二类修剪
❄❄❄ ◌◌ ☼ ◐ ♛

铁线莲"玫瑰色格拉迪"
(*Clematis* 'Rosy O' Grady')

高山铁线莲，半重瓣花，淡粉至紫色，浅铃形，春天开花，夏天重新开花直到秋天。用支架种在花园边缘或种植在盆器中做金字塔造型，给其留出充足的生长空间。需要时进行疏剪。

高度: 2.5~5米，一类修剪
❄❄❄ ◌◌ ☼ ♛

铁线莲"粉宝塔"
(*Clematis* 'Rosy Pagoda')

高山铁线莲类型，开放式铃形花，粉红色，花蕊奶油白色，花期从仲春到晚春。花后结出绒毛状果实，增添秋季情趣。适合种植于小树或灌木丛上。需要时轻修剪。

高度: 2.5~5米，一类修剪
❄❄❄ ◌◌ ☼

铁线莲"红衣主教"
(*Clematis* 'Rouge Cardinal')

奢华的大花品种，单瓣花，深红色花，淡棕红色花药，仲夏开花。为了更好地展现，需要阳光和支撑物，比如格架或凉亭。早春将地面上全部枝条剪掉。

高度: 2~3米，三类修剪
❄❄❄ ◌◌ ☼

铁线莲(Ro-Wi)

铁线莲 "皇室"
(Clematis 'Royalty')

初夏，这紧凑的植株会开淡紫色半重瓣大花，黄色花药。到夏末又开出很多小的单瓣花。在晚冬或早夏进行轻修剪。

高度: 2米，二类修剪
✳✳✳ ◊◊ ☀ ◐ ♔

铁线莲 "瑞泰尔"
(Clematis 'Rüütel')

深紫红色大花，花径达20厘米，有更深颜色的条纹，夏天开花。每朵花蕊有一簇红棕色的花药。在晚冬或早夏进行轻修剪。

高度: 3米，二类修剪
✳✳✳ ◊◊ ☀ ◐

甘青铁线莲
(Clematis tangutica)

生长旺盛，纯黄色钟铃形花，花期从仲夏到晚秋，通常花与绒毛状果序并存于枝头。早春将地面上全部枝条剪掉。

高度: 5~6米，三类修剪
✳✳✳ ◊◊ ☀ ◐

铁线莲 "总统"
(Clematis 'The President')

老品种，蓝紫色单瓣大花，有红色花蕊。整个夏季开花，常种植于格架上、围墙上和容器中。在晚冬或早夏进行轻修剪。

高度: 2~3米，二类修剪
✳✳✳ ◊◊ ☀ ◐ ♔

华丽杂交铁线莲 "如步" (Clematis x
triternata 'Rubromarginata')

生长旺盛，星状小花，黄色花蕊，花期从夏天到秋天。基部紫红色褪色成白色。早春将地面上全部枝条剪掉。

高度: 3~6米，三类修剪
✳✳✳ ◊◊ ☀ ◐

铁线莲 "薇尼莎"
(Clematis 'Venosa Violacea')

紫色单瓣小花，花瓣中央白色条纹，从底部到顶部由宽变细，花蕊有深紫色眼，花期从仲夏直到晚秋。早春将地面上全部枝条剪掉。

高度: 3米，三类修剪
✳✳✳ ◊◊ ☀ ◐ ♔

铁线莲"维罗妮卡的选择"
(*Clematis* 'Veronica's Choice')

非常淡的紫白色半重瓣大花，接近于白色，初夏开花。每朵花中心有一簇奶油色花药，夏末只开第二次单瓣花，在晚冬或早春进行轻修剪。

高度：2.5米，二类修剪

✿✿✿ ◊◊ ☼ ◐

铁线莲"里昂村庄"
(*Clematis* 'Ville de Lyon')

栗色单瓣大花，中夏开花，顶部枝条相对于底部非常稀疏，这样更适合于种植在或覆盖于其他植物上，以掩饰光秃秃的枝条。早春将地面上全部枝条剪掉。

高度：2~3米，三类修剪

✿✿✿ ◊◊ ☼ ◐

铁线莲"薇安"
(*Clematis* 'Vyvyan Pennell')

理想的藤架、金字塔花架、支柱或盆栽品种，开吸引人的淡紫色重瓣大花，仲夏开花，夏末花色更蓝一些。枝条较绿，落叶品种。在晚冬或早春进行轻修剪。

高度：2~3米，二类修剪

✿✿✿ ◊◊ ☼ ◐

铁线莲"W.E.格莱斯顿"
(*Clematis* 'W.E.Gladstone')

巨大紫色花，过于平展的花瓣，看上去像圆形，在花蕊有深红色花药。种植于可观赏及可提供支柱处。在晚冬或早春进行轻修剪。

高度：3米，二类修剪

✿✿✿ ◊◊ ☼ ◐

铁线莲"白天鹅"
(*Clematis* 'White Swan')

植株紧凑的长瓣型铁线莲，开白色重瓣铃形花，中心为浅黄绿色，春天和早夏开花。以后可能重复开花。周围种上深绿色叶片植物可衬托此花。需要时进行轻修剪。

高度：5米，一类修剪

✿✿✿ ◊◊ ☼ ◐

铁线莲"威廉·肯特"
(*Clematis* 'William Kennett')

深蓝紫色单瓣大花，栗色花药，初夏开花。随植株生长花瓣中央的条纹会褪掉。种植于可供其攀缘的灌木丛边。在晚冬或早春进行轻修剪。

高度：2~3米，二类修剪

✿✿✿ ◊◊ ☼ ◐

藤蔓植物 (Ac–Co)

美味猕猴桃 (*Actinidia deliciosa*)

这种生长有力的落叶藤蔓植物就是著名的中华猕猴桃，也叫新西兰奇异果，具有圆形的叶片和红色多毛的茎干。猕猴桃雌雄异株，在温暖的地区，母株结果。初夏，乳白色的花朵会逐渐变黄。

高: 10米
❋❋❋ ◊ ☼ ◑

狗枣猕猴桃 (*Actinidia kolomikta*)

这是一种落叶的缠绕攀缘植物，会长出大量紫色的嫩叶，嫩叶逐渐变成深绿色并带有明显的粉红和白色花斑。在初夏，成蔟的小花散发出淡淡的清香，可以让其茎蔓顺着靠墙的金属丝生长。

高度: 5米或更高。
❋❋❋❋ ◊ ☼ ♟

五叶木通 (*Akebia quinata*)

这种巧克力色的藤蔓植物也被称为"巧克力藤"，具有健壮的缠绕的茎蔓，半常绿，只有在温暖的区域或冬天比较暖和的地方叶片才不会落叶。春天里，淡绿色的叶片衬着紫色的雌花和雄花组成的花序，散发出浓重的香味。

高度: 10米
❋❋❋ ◊◑ ☼ ◑

三叶木通
(*Akebia trifoliata*)

一种落叶缠绕攀缘植物，如果在阳光充足或是部分遮阴的墙面上搭一个结实的棚架任其生长，那么从春天到秋天，植株一直会长得郁郁葱葱。春天里，当青铜色幼叶逐渐成熟变成深绿色的时候，就会开出垂头的紫色花朵。

高度: 10米
❋❋❋ ◊◑ ☼ ◑ ♟

牯岭蛇葡萄
(*Ampelopsis brevipedunculata*)

它是一种生长强健的攀缘植物，具有浅绿色的三出叶片。夏季的时候花是绿色的，非常不显眼，但初秋开始就会挂上非常精美漂亮的瓷蓝色浆果。冬末或早春时，如有需要可以进行修剪。

高度: 5米
❋❋❋ ◊◑ ☼ ◑

柏柏尔智利藤
(*Berberidopsis corralina*)

这是一种来自智利的常绿攀缘植物，具有奇特的叶片，花朵奇特，圆形叶片具有带刺边缘，正面是深绿色，背面白色。从仲夏到夏末，像项链一样的花茎上生红色花朵，看起来像小的浆果，需要为它提供些支撑物供其攀爬。

高度: 5米
❋❋❋ ◊ ☼

长花海桐花（*Billardiera longiflora*）

一种常绿的攀缘植物，夏季会开出精致的黄绿色垂头型花朵，光洁多彩的浆果通常是蓝紫色的，但也有红色、粉红或白色的。在寒冷的区域，这种植物最好是种植在温室中。

高度: 高达3米

❋❋ ◌ ☼ ◐ ☼ ♈

杂交凌霄（*Campsis x tagliabuana*）

这种喇叭状的藤蔓植物英文名字也被称作"Trumpet vine(喇叭藤)"，是一种生长力旺盛的落叶攀缘植物。杂交凌霄品种"迦林女士"，叶片深绿色，全裂，需要由支撑物支持，开橘红色喇叭状的花朵。靠着朝阳的墙壁种植，它可以攀爬到结实的横向金属线上生长。

高度: 10米

❋❋ ◗ ◌ ☼

南蛇藤（*Celastrus orbiculatus*）

这种落叶灌木，通过它木质化的枝条攀爬，圆形的浅绿色叶片呈锯齿状，到了秋季，叶色会变成金黄色。夏季时，开有绿色小花并结出很小的黄色果实，打开小果子，会露出鲜亮的淡粉红色种子。

高度: 14米

❋❋❋ ◌ ☼ ◐

美洲南蛇藤 (*Celastrus scandens*)

一种生长强健的落叶灌木，具有浅绿色的圆形叶片，在秋天会变成金色。夏季，开黄绿色的小花，会结出带有猩红色种子的黄色小果。可以沿着大树生长，靠着墙壁生长或者是让它覆盖住整个凉棚。

高度: 10米

❋❋❋ ◗ ◌ ☼ ◐ ☼

电灯花 (*Cobaea scandens*)

这种杯碟形的常绿多年生攀缘植物常被当作一年生植物栽种，钟形的花大而芬芳，带有奇特的"茶碟"，别具特色。花刚开时是乳绿色，然后变为紫色。叶片越茂密，效果越好。

高度: 20米

❋ ◌ ◐ ☼ ♈

鸡蛋参 (*Codonopsis convolvulacea*)

这种多年生藤蔓植物具有缠绕的茎蔓，夏季里，茎蔓上点缀着紫罗兰色、偶尔是白色的钟形花朵。需要在遮阴的地方用多分叉的支撑物来保护它脆弱的茎干。对于在寒冷区域植株的越冬，需要用厚的护根覆盖物来保护。

高度: 2米

❋❋❋ ◌ ☼ ◐

藤蔓植物(Di-Ip)

荷包牡丹藤
(*Dicentra scandens*)

一种一年生的藤蔓植物，整个夏季都开着喇叭状的花。可以用竹棚、金属做的方尖塔或栅格来供植株攀爬。想要它在夏季便能开花，需要在春季播种，若夏末播种的话，第二年夏天就能早点开花。

高度：2.5米
❋❋❋ ◊ ☼

荣耀花 (智利光荣花)
(*Eccremocarpus scaber*)

一种常绿的多年生藤蔓植物，生长很快，非常适合用来覆盖方尖花架和棚架。全裂的叶片看起来完全像是蕨类植物。从晚春到秋天，橘红色的管状花会开满整个植株。

高度：3~5米
❋❋❋ ◊ ☼

巴尔德楚藤蓼
(*Fallopia baldschuanica*)

因为其非凡的蔓生特性，它也被称作"一分钟一英里"，也被叫做"俄罗斯藤"。这种生长旺盛、缠绕的落叶藤蔓植物需要一个结实的支架。从夏季到秋季，木质化的茎干上会长满心形的深绿色叶片，开满淡粉色小花。

高度：12米
❋❋❋❋ ◊ ☼ ◑

薜荔
(*Ficus pumila*)

这种柔嫩的常绿攀缘植物具有圆形的深绿色小叶片。自养型气生根意味着它不需要额外的支持也能很好生长。在寒冷的区域，冬天应该移入户内以防霜冻。"斑叶"这个品种的叶片具有银边。

高度：3~5米或更高
❋ ◊ ◊ ☼ ◑ ☗

紫蔓豆 (美女紫藤)
(*Hardenbergia violacea*)

这是一种生长旺盛的藤蔓植物，具有韧性的浓绿叶片以及成簇的紫罗兰色花样豆荚，可以一直从冬末延续到初夏。最好是当做生命期短的多年生植物来栽培。在阳光充足的地方可以种植在户外，在寒冷的区域种植在温室里。

高度：2米或更高
❋ ◊ ☼ ◑ ☗

加那利常春藤 "内文奥斯"
(*Hedera canariensis* 'Ravensholst')

这种起源于北美大陆生长旺盛的常绿木本攀缘植物，具有光亮、绿色的接近三角形叶片，长约14厘米。它通过气生根来攀爬，可以将它种植于外墙上或老树桩上。

高度：5米
❋❋❋ ◊ ☼ ◑ ☗

洋常春藤"冰河"（*Hederahelix* 'Glacier'）

这种木本的自己可攀爬的常绿植物，着生小的三角形叶片，叶片上带有银灰色和乳白色斑。茂密的叶子可以用来覆盖一面墙或是遮阴棚架的一侧，或是将一个老树干变为银色的中心装饰品。

高度：10米
❋❋❋ ◊ ☼ ◐ ☗

大西洋常春藤（*Hedera hibernica*）

这种常春藤也被称作"爱尔兰常春藤"，是一种生长旺盛的木本攀缘植物，具有亮绿色的三角形叶片。一旦爬到了支撑物的顶部，茎会直立生长，与叶片一起像"鸡毛掸子"。随后开花和结黑色的果实。需要靠着阳光充足的墙壁或者老树桩生长。

高度：10米
❋❋❋ ◊ ☼ ◐ ☗

鹰爪枫（*Holboellia coriacea*）

一种来自中国的生长强健的常绿缠绕藤蔓植物，具有墨绿色的叶片和白里泛淡紫色的花。在温暖的夏天之后，会结满像香肠形状的果实。它们会沿着靠墙壁的横拉金属丝上缠绕生长。

高度：7米
❋❋ ◊ ☼ ◐

啤酒花（*Humulus iupulus*）

啤酒花是一种多年生草本攀缘植物，茎蔓可缠绕，具有刺毛，淡绿色的叶片边缘锯齿状。啤酒花"奥里斯"，叶片呈金黄色。在夏季，花朵或叫做球果成熟后变成麦秆颜色。

高度：6米
❋❋❋ ◊◊ ☼ ◐ ☗

冠盖藤绣球（*Hydrangea anomala* subsp. *petiolaris*）

这种生长旺盛的木本攀缘植物，具有宽大圆形的浅绿色叶片。夏季，奶白色的花朵会组成大的头状花序。幼苗需要些支撑物来固定。

高度：15米
❋❋❋ ◊◊ ☼ ◐ ☗

牵牛花（*Ipomoea*）

牵牛花在夏季具有丰富的色彩。三色牵牛"天堂蓝"的喇叭状花朵呈蓝色；圆叶牵牛（*I.purpurea*）有紫色、紫红色、粉红色、白色或带有条纹的花朵；鱼花茑萝（*I.lobata*）开有红色的管状花并慢慢褪成白色。每年都可以通过种子来繁殖。

高度：3~5米
❀ ◊ ☼

藤蔓植物(Ja–Pa)

素方花 (*Jasminum officinale*)

这种木樨科素方花属植物拥有类似于蕨类植物的叶片，非常有吸引力，它星状的白花还散发出浓郁的香味。在寒冷的冬天植株可能会枯死，但春季又会从地面长出来。"银边"这个品种拥有漂亮的斑驳叶片。

高度：12米

✵✵ ◊ ☼ ◐ ♚

智利风铃花 (*Lapageria rosea*)

这种智利的吊钟花为缠绕型常绿的攀缘植物，从夏季到晚秋一直开花。粉红色，喇叭状花朵，一朵朵或两朵三朵地开，都拥有轻微的喇叭口形。它们衬托于深绿色叶片中。

高度：5米

✵✵ ◊ ◗ ☼ ◐ ♚

大 花 香 豌 豆 (*L a t h y r u s grandiflorus*)

这多年生的香豌豆四季都保持绿色的叶片，在夏季开出粉紫色和红色的总状花序。香味比L.odoratus（普通香豌豆）稍淡，它的卷须可攀附任何支撑物，例如藤条和凉亭。

高度：1.5米

✵✵✵ ◊ ☼ ◐

广叶山黧豆 (*Lathyrus latifolius*)

在夏季，这种多年生的香豌豆在每支花茎上最多可开出11朵粉紫色花。它的叶片呈蓝绿色。茎部需要支撑来维持整个高度。开纯白花的品种是"白珍珠"，粉色品种则叫"珠光粉"。

高度：2米

✵✵✵ ◊ ☼ ◐ ♚

麝香豌豆 (*Lathyrus odoratus*)

这种香豌豆为一年生藤蔓植物，利用卷须在支撑物上攀爬。有许多已命名的变种，花的颜色变化范围较大，其中包括双色。花朵因为太香了而容易被摘。

高度：可达2米

✵✵✵ ◊ ☼ ◐

京红久金银花 (*Lonicera x heckrottii*)

温暖地方表现为半常绿，其他寒冷区域为落叶性。可以缠绕生长。在夏季，它开出具有香味的花，花朵内侧是粉色，边缘为橙黄色。植株需要特别牢固的支架，以防倒塌。

高度：5米

✵✵✵ ◗ ◊ ☼ ◐

金银花 "格拉汉姆·托马斯" (*Lonicera periclymenum* 'Graham Thomas')

整个夏季这种古老的金银花都在开花，随着生长，花朵颜色逐渐从白色变成黄色，呈现两种景观。可生长在凉亭或老树上。花后修剪。

高度: 7米

❀❀❀ ◍◌ ☼◐ ☀ ◑ ♚

紫茎金银花 "野樱桃" (*Lonicera periclymenum* 'Serotina')

最具芳香的攀缘植物之一，这种忍冬在灌木和树上或者拱形物和凉亭上生长很快。在春季拥有苍翠繁茂的叶片，从盛夏到晚夏开出带有紫条纹的白花。它的香味在晚上是最浓的。

高度: 7米

❀❀❀ ◌ ☼ ◐ ♚

冠子藤 (*Lophospermum erubescens*)

一种常绿的攀缘植物，拥有三角形、中绿色叶片和整个夏季和秋季盛开的玫瑰粉管状花朵。在每朵盛开的花喉部，粉红色逐渐变成带粉红斑点的白色。在寒冷的地区，需在温室中培养。

高度: 3米

❀ ◍◌ ☼ ◐ ♚

金鱼藤 (*Maurandella antirrhiniflora*)

多年生，通常会被当做一年生植物来栽植。星罗密布在茂盛叶片中的管状花瓣，有紫色、紫罗兰色、粉色之多，花喉部通常是白色。温室里可以常年种植这种可爱的植物。

高度: 1~2米

❀ ◍◌ ☼ ◐

帚菊木 (*Mutisia*)

这种多年生灌木的花朵和雏菊很像，依靠叶片卷须来攀爬，叶缘刺帚菊木的叶片边缘锯齿状，有光泽，从夏天到秋天持续粉红色花朵。橙花帚菊木的花序则是明亮的橘色。它们都需要种植在遮阴的场所。

高度: 接近3米

❀❀ ◍◌ ☼ ◐

花叶地锦 (*Parthenocissus henryana*)

这种健壮的落叶藤蔓植物，叶片绿色掌状，脉络明显。秋天，在落叶之前，叶片会变成深红色，呈现出一派火红的景象。它们通过圆盘状的吸根来攀爬，是用来覆盖不太好看的墙面的完美植物。

高度: 10米

❀❀❀ ◍◌ ☼ ◐ ♚

藤蔓植物(Pa–St)

五叶地锦
(*Parthenocissus quinquefolia*)

夏天时,五叶地锦的浅绿色叶片是一道很吸引人的遮盖物风景,到了秋天,叶片变红,才又显现出它的本色。生命力强,可以在墙上、栅栏上或者是灌木和树上攀爬。

高度: 15米
✿✿◊☀☀❀☂

爬山虎
(*Parthenocissus tricuspidata*)

此种爬山虎在高墙或是建筑上的应用会让人耳目一新,它是一种非常强健的藤蔓植物,生长迅速。浅绿色的叶片在秋天叶落之前会呈现出鲜艳的紫红色。由于生长速度快,可以修剪掉一些枝杈,让它保持在一定的生长区域以内。

高度: 20米
✿✿◊💧☀❀☂

西番莲
(*Passiflora caerulea*)

这种奇异火热的蓝色“激情花”在夏季开放时,白色和蓝紫色的花朵给藤架、花架和拱圈带来新的生机。秋季成熟的植株会结出橘红色不可食用的果子。“康士坦茨·艾略特”是其一个纯白色的变种。

高度: 10米
✿✿✿◊☀❀

冠盖藤 (*Pileostegia viburnoides*)

一种常绿的木本藤蔓植物,具有深绿色革质的叶片。在夏末和秋季,稠密的头状花序开满了奶白色星形的小花。这些花朵从叶片中抽出又远离叶片,色彩很惹人喜爱。

高度: 6米
✿✿✿◊☀❀☂

红萼藤 (*Rhodochiton atrosanguineus*)

这种多年生藤蔓植物的花看上去像微缩粉红色降落伞,狭窄的紫色管子悬浮在它们之下。心形的中绿色叶片也很吸引人。在多霜冻的地区,这种植物经常被当做一年生植物种植。

高度: 3米
✿✿✿◊💧☀❀

五味子 (五味子属植物) (*Schisandra*)

五味子属中种植最常见的是红花五味子 (*Schisandra rubriflora*) ,从晚春到夏季,长长的花茎上开出亮红色的花朵。具有圆形的叶片和缠绕的木质茎蔓。母株会结出红色的果实。

高度: 10米
✿✿✿◊💧☀❀

钻地风（*Schizophragma integrifolium*）

有点像藤蔓八仙花，但具有脆弱的大叶片和聚伞状花序。仲夏这种植物有着些微的锯齿状深绿色的叶片和浮动的白色花朵。花期过后有必要进行修剪来控制生长旺盛的茎蔓。

高度: 12米

❊❊❊ ◗◗◗ ☼ ◖ ♈

菝葜属植物（*Smilax*）

这些杂乱没规则的藤蔓植物具有细弱带刺的茎蔓和光亮的绿色叶片。夏末穗菝葜（*S.aspera*）开有芳香的小花; 菝葜（*S.china*）在晚春开花。在温室种植或者夏季户外阴凉处种植。

高度: 接近5米

❊❊❊ ◗ ☼ ◖ ♈

悬星花（*Solanum crispum*）

这种不规则的常绿或半常绿灌木，对花园来说，是种很好很有用的装饰。悬星花"格拉斯勒文"叶片细长，浅绿色，花期长、蓝紫色的花朵整个夏天都在开放。开花后适时修剪。

高度: 6米

❁ ◗ ☼ ◖ ♈

白花星茄藤（*Solanum laxum*）

生长势很强的常绿或半常绿藤蔓植物，叶片绿色有光泽，夏天和秋天开蓝色的小香花。"相册"开白色的花，黄色花心。在有可能出现霜冻的地区需要在温室里栽培。

高度: 6米

❊ ◗◗ ☼ ◖

蓝钟藤（*Sollya heterophylla*）

一种缠绕的常绿植物，原产自澳大利亚。从初夏到秋天，都有蓝色的钟形花朵开放。可以种植在容器内，向上攀爬到棚屋或是方尖塔上。较寒冷区域的冬天需要移入室内过冬。

高度: 1.5~2米

❊❊ ◗◗ ☼ ◖

尾叶那藤（*Stauntonia hexaphylla*）

这种常绿藤蔓植物生长迅速，春天能开出一小丛垂吊式淡紫色的杯状花。它是一种很有用的遮盖不美观墙壁的材料。秋天，雌株能结紫色的果实，开花后或是早春时节可以进行修剪。

高度: 10米

❊❊❊ ◗◗ ☼ ◖ ♈

藤蔓植物 (Te-Wi)

硬骨凌霄
(*Tecoma capensis*)

这是一种常绿灌木，可沿着阳光充足的墙面生长。在较寒冷的地区，需要种在容器里，这样在冬天的时候方便移入房间。夏天开橘黄色的管形花。硬骨凌霄"奥瑞"（Aurea）能开出金黄色的花朵。

高度: 2~7米

❄ 💧 ◊ ☼ ♔

黑眼睛苏珊
(*Thunbergia alata*)

黑眼睛苏珊是一种非常具有装饰性的常绿多年生植物。因其能开出大量的亮橘黄色带有明显黑眼睛般的花朵，通常会把它用作一年生植株栽培。同时，它也是大型盆栽金属或是木质塔状造型盆栽的优秀候选植株。

高度: 2.5米

❄ 💧 ◊ ☼ ♔

台湾络石
(*Trachelospermum asiaticum*)

这种常绿木质藤本，叶片绿色有光泽，开出的芳香小白花会逐渐褪变成黄色。如果经修剪整枝后沿着金属丝或栅格生长，会是很好的攀缘灌木，栽植在容器中再用塔形支撑物支持，可以做成花器组合盆栽的中心装饰。

高度: 6米

❄❄❄ ◊ ☼ ♔

络石藤
(*Trachelospermum jasminoides*)

它是一流的藤蔓植物，在夏季，能开出大量的很有特点的螺旋状白色小花。缠绕的木质化枝条着生深绿色有光泽的叶片，在冬天里变成古铜色。

高度: 9米

❄❄ ◊ ☼ ♔

旱金莲
(*Tropaeolum majus*)

一年生旱金莲有很多种攀爬方式，夏季持续的开花，且颜色从乳白色到深红色各异，是它们深受欢迎的原因。花瓣有单瓣也有重瓣，还有些是花叶品种。

高度: 3米

❄ 💧 ◊ ◊ ☼

金丝雀旱金莲
(*Tropaeolum peregrinum*)

这种植物蓝绿色的叶片和淡黄色的花朵是最吸引人的地方（译注: 也被称作"金丝雀藤"），通常用作一年生，生长强健，能使棚架和塔形造型显得生机勃勃。从夏天到秋天一直都开着像羽毛一样的花朵。

高度: 2.5~4米

❄ ◊ ☼

蔓性裂叶旱金莲/美丽金莲花
（*Tropaeolum speciosum*）

火焰蔓，之所以叫这个名字是因为它有火红的花朵，为花园增色不少。从夏季到秋季，跃动的红色带刺的花朵沿着茎蔓开放。花朵喜阳光，但根部需要阴凉。

高度：3米或更高

❀❀ ◊ ○ ☼ ◑ ☼ ▽

块茎旱金莲
（*Tropaeolum tuberosum*）

这种地下块茎的多年生植物具有灰绿色的叶片，长花茎上的橘红色和黄色小花悬吊于叶片之上，花期从夏季中旬一直延续到秋天。在非常寒冷得区域，拔出块茎储藏越冬。

高度：2~4米

❀ ◊ ○ ☼

琉璃唐棉
（*Tweedia caerulea*）

它是一种名如其花的常绿灌木，也被称作"蓝星花"，柔和多毛的茎蔓上长出绒绒的淡绿色叶片。从夏季到初秋，开出蓝玉色的星形花朵。在霜冻地区的冬季要把它移至室内。

高度：60~100厘米

❀❀❀ ◊ ○ ☼ ▽

紫葛
（*Vitis coignetiae*）

这种健壮有力的落叶藤蔓植物具有圆形盘状的叶片，叶表面起皱，背面呈毡状。在秋季，叶片变成亮红色和紫色。需要用结实的藤架或坚固的墙体格架来承载它的重量。

高度：15米

❀❀❀ ◊ ☼ ◑ ☼ ▽

多花紫藤
（*Wisteria floribunda* 'Multijuga'）

紫藤是一种引人注目的攀缘植物，花茎上挂着芳香的紫丁香色花朵，有1.2米长。随着树龄的增长它会变得越来越重，所以需要牢固的支撑。定时修剪以保证每年都有开花的景象。

高度：9米或更高

❀❀❀ ◊ ◊ ☼ ◑ ▽ ▽

杂交紫藤（台湾紫藤）
（*Wisteria* x *formosa*）

一种生长有力缠绕的木本攀缘植物，外形优美。在晚春和初夏开出淡紫色像豌豆一样的蝶形花串，并伴随着淡淡清香。开花后形成的毛茸茸的花豆豆荚。

高度：9米

❀❀❀ ◊ ◊ ☼ ◑ ☼

月季(Al-Go)

月季 "阿尔伯丁"
(*Rosa* 'Albertine')

蔓生月季，生长迅速，盛夏开花一次，花量大，重瓣或全重瓣花，浅橙红色，芳香浓郁，可用于矮墙或篱笆上的装饰。夏季开花后进行修剪。

高度：可达5米

❀❀❀ ◑ ◌ ☼ ♛

月季 "爱慕"
(*Rosa* 'Aloha')

矮型藤本月季，有着坚韧枝条和深绿色叶片，夏季到秋季开花，花量丰富，全重瓣，粉色花。修剪时保留主干，剪掉2/3的侧枝，应在晚秋到早春时进行。

高度：可达3米

❀❀❀ ◑ ◌ ☼ ♛

重瓣黄木香 "琵琶"
(*Rosa banksiae* 'Lutea')

非常可爱的藤本月季，茎部无刺，晚春开花，花量大，完全重瓣，淡黄色，微香。为达到最理想的观赏效果，种植于阴凉处。晚秋到早春修剪残花枝条。

高度：可达6米

❀❀❀ ◑ ◌ ☼ ♛

月季 "芭比·詹姆斯"
(*Rosa* 'Bobbie James')

蔓生月季，植株健壮，夏季开花，花量大，奶白色，半重瓣，叶片带有光泽，新叶铜绿色，老叶为绿色。覆盖于大的建筑物上是非常完美的。夏季花后进行修剪。

高度：可达10米

❀❀❀ ◑ ◌ ☼ ♛

月季 "生命气息"
(*Rosa* 'Breath of Life')

杂交茶香藤本月季，杏黄粉色，圆形，全重瓣花，花量大，有香味，花期从夏季到秋季，可绑扎到拱门或墙上以供赏花。晚秋到早春进行修剪。

高度：可达2.5米

❀❀❀ ◑ ◌ ☼

月季 "藤冰山"
(*Rosa* 'Climbing Iceberg')

大量式开花的品种。当开满纯白色花时非常引人注目，特别是达到最高点时，比如依附于墙上时。花期从夏季到秋季，晚秋到早春进行修剪。

高度：可达3米

❀❀❀ ◑ ◌ ☼ ♛

藤本月季"山姆大叔"
(*Rosa* 'Climbig Mrs Sam McGredy')

生长旺盛的杂交香水藤本月季，红铜色叶片，花大，红铜色到浅橙色花，集中于夏季开花，可依附于树上生长，耐贫瘠土壤。在晚秋和早春进行修剪。

高度：3米

❋❋❋ ◌◌△ ☼ ⬙ ♈

月季"怜悯"
(*Rosa* 'Compassion')

直立型藤本，杂交香水月季，夏季到秋季开花，有香味，重瓣花，浅橙色带有杏黄色，深绿色叶片富有光泽，抗病性好。在晚秋和早春进行修剪。

高度：3米

❋❋❋ ◌◌△ ☼ ⬙ ♈

月季"都柏林湾"
(*Rosa* 'Dublin Bay')

多花的藤本月季，重复开花，花量大，红色，重瓣花。可造型于拱门或墙上，也可修剪成灌木状。夏季到秋季开花。晚秋到早春进行修剪。

高度：2.2米

❋❋❋ ◌◌△ ☼ ⬙ ♈

月季"永恒的幸福"
(*Rosa* 'Félicité Perpétue')

半常绿蔓生月季，夏季开花，奶白色花，玫瑰花型，全重瓣，花苞粉色。长势强，枝条茂盛，开花多。夏季花后修剪。

高度：可达5米

❋❋❋ ◌◌△ ☼ ⬙ ♈

月季"佛朗哥粉藤"
(*Rosa* 'Francois Juranville')

蔓生品种，叶片富含光泽，枝条长而优美。夏季开花，玫瑰花型，全重瓣，橙红色花，基部会变黄色，散发出苹果香味。夏季花后进行修剪。

高度：6米

❋❋❋ ◌◌△ ☼ ⬙ ♈

月季"金阵雨"
(*Rosa* 'Golden Showers')

直立型藤本月季，花期长，大花，有香味，重瓣或半重瓣，金黄色花，之后褪色为奶油色，最适种植于荫凉处。晚秋到早春进行修剪。

高度：可达3米

❋❋❋ ◌◌△ ☼ ⬙ ♈

月季 (Ha–Ze)

月季"韩德尔"（*Rosa* 'Handel'）

直立型健壮藤本月季，叶片富有光泽，深绿色。花重瓣，淡粉色花，花边为深粉色。花期从夏季直到冬季。晚秋到早春进行修剪。

高度: 可达3米

❀❀❀ ◐◌ ☼ ♕ ♈

月季"劳拉·福特"（*Rosa* 'Laura Ford'）

直立微型藤本月季，花量大，微香，半重瓣，黄色花。花朵凋谢时，花边变为粉色，花期从夏季到秋季。晚秋到早春进行修剪。

高度: 可达2.2米

❀❀❀ ◐◌ ☼ ♕ ♈

月季"破晓"（*Rosa* 'New Dawn'）

生长旺盛的藤本月季，拱状茎，叶片富有光泽。淡粉色，杯形重瓣花，带有清香。耐较贫瘠土壤，耐阴。花期从夏季到秋季。晚秋到早春进行修剪。

高度: 可达3米

❀❀❀ ◐◌ ☼ ♕ ♈

月季"菲利斯·拜德"（*Rosa* 'Phyllis Bide'）

不同于其他蔓生品种，此品种重复开花，馥郁的芳香，波状花瓣由粉色和黄色组成，绿色叶片，小叶。花期: 夏季到秋季，夏季开花后进行修剪。

高度: 2.5米

❀❀❀ ◐◌ ☼ ♕ ♈

月季"粉色永恒"（*Rosa* 'Pink Pérpetué'）

多样性重复开花藤本月季，深绿色叶片。花完全重瓣，微香，玫瑰粉色，背面颜色更深。花期: 夏季到秋季。在晚秋到早春进行修剪。

高度: 可达3米

❀❀❀ ◐◌ ☼

月季"桑德之白云"（*Rosa* 'Sander's White Rambler'）

株势健壮的蔓生月季，富有光泽的淡绿色叶片。夏末疏松的枝条上开出一丛丛娇小、白色、带有香味的重瓣花。耐阴和贫瘠土壤，还可塑造成月季树的造型。夏季花后进行修剪。

高度: 4米

❀❀❀ ◐◌ ☼ ♕ ♈

月季 "乖乖女" (*Rosa* 'Schoolgirl')

杂交茶香藤本月季，重复开花，花大，重瓣，深杏黄色，带有香味。叶片深绿色，枝条非常稀疏，花期从夏季到秋季。晚秋到早春进行修剪。

高度: 3米
❄❄❄ ◐◐ ☼

月季 "海鸥" (*Rosa* 'Seagull')

蔓生月季有拱形枝干，性强健，灰绿色叶片，花量大，小花，奶白色，单瓣到半重瓣，有簇生黄色雄蕊。整个夏季开花。夏天花后进行修剪。

高度: 6米
❄❄❄ ◐◐ ☼ ▽

月季 "夏之酒" (*Rosa* 'Summer Wine')

藤本月季，株势健壮，重复开花，单瓣花，珊瑚粉色，带有香味，黄色的花蕊簇生红色花药。夏季到秋季开花。晚秋到早春进行修剪。

高度: 3米
❄❄❄ ◐◐ ☼ ▽

月季 "热情欢迎" (*Rosa* 'Warm Welcome')

属于微型藤本月季，是所有藤本月季中花量最大的一种。重瓣，橘红色花朵，从夏天到秋天开满整个植株，最理想种植于台柱及通道旁。花期: 夏季到秋季。晚秋到早春进行修剪。

高度: 2.2米
❄❄❄ ◐◐ ☼ ▽

月季 "结婚日" (*Rosa* 'Wedding Day')

蔓生月季，长势较强，夏季开花时，散放浓香。奶黄色单瓣花，花苞时呈杏黄色，后变为白色。可依附于树上或凉亭上。夏季花后进行修剪。

高度: 8米
❄❄❄ ◐◐ ☼

波旁无刺月季 "哲海伦" (*Rosa* 'Zephirine Drouhin')

波旁藤本月季，因茎上无刺而流行，开放松散株型，香气浓郁，深粉色，重瓣花。可生长在墙背阴处，形成非常漂亮的篱笆。花期: 夏季到秋季。晚秋到早春进行修剪。

高度: 3米
❄❄❄ ◐◐ ☼

索引

索引

致谢

本书感谢以下人员提供相关图片:

(Key: a–above; b–below/bottom; c–centre; l–left; r–right; t–top)

4–5: DK Images: Steve Wooster/RHS Chelsea Flower Show 2001/Brighstone and District Horticultural Society. 6: Leigh Clapp: (t). Andrew Lawson: Barnsley House, Glos. (b). 7: Andrew Lawson. 8: S & O Mathews Photography: The Little Cottage, Lymington, Hants (l), The Garden Collection: Liz Eddison/ Hampton Court Flower Show 2000/ Designer: Paul Stone (r). 9: Marianne Majerus Photography: Coughton Court, Warks (l). 10: The Garden Collection: Gary Rogers/Designers: Ngaere Mackay & David Seeler (bl). John Glover: Bransford Nursery, Worcs. (t). 11: Marianne Majerus Photography: RHS Rosemoor. 12: Andrew Lawson: Pine House, Leics. (tl), The Garden Collection: Liz Eddison (tr) (b); Liz Eddison/Designer: Bob Purnell (tc). 13: Andrew Lawson: RHS Chelsea 1996/ Designer Stephen Woodhams. 15: The Garden Collection: Jonathan Buckley/ Designer: Christopher Lloyd, Great Dixter (tl), S & O Mathews Photography: Pashley Manor, Sussex (tr), Modeste Herwig: Theetuin, Weesp, The Netherlands (b). 16: John Glover: Kew Gardens, Surrey. 17: Modeste Herwig: Manor House, Birlingham (t), The Garden Collection: Liz Eddison (b). 18: The Garden Collection: Liz Eddison/Chelsea Flower Show 2004/Designer: Stephen Hall (t); Liz Eddison/RHS Chelsea Flower Show 2003/ Designer: Kay Yamada (br). Andrew Lawson: (bl). 19: Derek St Romaine. 20: Marianne Majerus Photography: Knoll House.
21: The Garden Collection: Liz Eddison

(t). Andrew Lawson: (b). 22: The Garden Collection: Liz Eddison (t), DK Images: Steve Wooster/ RHS Chelsea Flower Show 2001/Brighstone Horticultural Club (bl), John Glover: (br). 24: Derek St Romaine: RHS Rosemoor (t), Marianne Majerus Photography: Bedfield Hall, Suffolk (b). 25: Derek St Romaine: Mr and Mrs Lusby (t), Marianne Majerus Photography: Designer: Kevin Wilson (bl), DK Images: Steve Wooster/RHS Chelsea Flower Show 2001/Heathend Garden Club (br). 26: S & O Mathews Photography: North Court, Isle of Wight (t), John Glover: (b). 27: Leigh Clapp: Houghton Lodge (r). Derek St Romaine: Mr and Mrs Borrett (bl). 28: The Garden Collection: Derek Harris (t). S & O Mathews Photography: Eastern Cottage, Yarmouth, IOW (b). 29: S & O Mathews Photography: (t), The Garden Collection: Gary Rogers/ Designers: Designers: Ngaere Mackay & David Seeler (b). 30: Andrew Lawson: (t) (b). 33: Derek St Romaine. 34: John Glover: (t). 36: The Garden Collection: Liz Eddison/Designer: Bob Purnell (t). 37: Leigh Clapp: (t). 62–63: Modeste Herwig: Gardens of the Rose. 64: The Guernsey Clematis Nursery Ltd/Thompson & Morgan. 67: Nicola Stocken Tomkins: Gantsmill, Bruton, Somerset. 68: S & O Mathews Photography: (bl). 69: S & O Mathews Photography. 70: Garden World Images: (tr). 71: Andrew Lawson: Cothay Manor, Somerset. 72: Clive Nichols: Lower House Farm, Gwent (bl). 73: Clive Nichols: Lower House Farm, Gwent. 75: Harpur Garden Library: Marcus Harpus/Mr & Mrs Grice, Essex. 77: Leigh Clapp: Hannath Garden. 79: John Glover: RHS Chelsea Flower Show 1991/Agriframes. 81: Andrew Lawson. 83: DK Images: Mark Winwood/Hampton Court Flower Show

2005/Elysium Design by Paul Hensey. 84: The Garden Collection: Jonathan Buckley/ Designer: Christopher Lloyd (tl). 85: The Garden Collection: Jonathan Buckley/ Designer: Christopher Lloyd. 94: Leigh Clapp: Meadow Cottage (t). 96: Mark Winwood: (tr) (br). 97: Mark Winwood. 114: Holt Studios International: Michael Mayer/FLPA (tr). 115: RHS Tim Sandall (c), (cr). 116: RHS Tim Sandall (bl). 117: Modeste Herwig: (tl), RHS Tim Sandall (tr). 138: Garden World Images: (bl). 139: Garden World Images: (tl). 140: Garden World Images: (bc). 143: Thompson & Morgan (bl). 144: Garden Picture Library: J S Sira (br). 148: crocus.co.uk (tl). 151: crocus. co.uk (bc).

All other images — Dorling Kindersley For further information see: www.dkimages.com

Dorling Kindersley would also like to thank the following:
Editors for Airedale Publishing: Helen Ridge, Fiona Wild, Mandy Lebentz Designers for Airedale Publishing: Elly King, Murdo Culver Index: Michèle Clarke

Forest Garden (www.forestgarden.co. uk) for supplying the rose arch and border edging on pp.42–3.

EN FINGERS

GREEN FINGERS 来了！

松园艺 有效执行 享受全年花园之乐

要亲自设计，拥有一座漂亮的绿色花园吗？其实很简单……

随英国皇家园艺学会的简易读物指导，以全球最强大的园艺家团队，展现最精美的图片，用最详尽的每一步解说，搭配简单的种植方式，帮您打造一个完美的绿色天堂。

绿手指携手英国皇家园艺协会新书
《花园医生》重磅来袭

全球最权威的花园植物专家，倾心打造最全面的花园病虫害指导图书！以最丰富的图片和最详尽的解说，帮你在与花园病虫害的对抗中大获全胜！

了解你的花园

介绍了植物是如何繁殖生长的以及如何以有机的方式防治病虫害。

植物的异常现象

用一系列的设问，帮你判断危害植物健康的原因。

植物诊所

以问答的形式介绍了不同植物常见的病虫害症状及防治措施。

最受欢迎的园艺图书

『人人都能轻松制作的花环Book』

定价：35 元

『多肉植物新"组"张』

定价：39.8 元

『壁面园艺』

定价：35 元

『多肉植物玩赏手册』

定价：35 元

『香草花园』

定价：42 元

『轻松打理花园』

定价：45 元

『铁线莲与藤蔓植物』

定价：45 元

『家庭花园』

定价：45 元

『花园医生』

定价：68 元

『花园手册』

定价：98 元

『花园水景』

定价：42 元

『小花园种植』

定价：45 元

『庭院盆栽』

定价：45 元

『草坪及地被植物』

定价：42 元

『盆栽蔬果』

定价：42 元

『竹子与观赏草』

定价：45 元

『生态花园实用手册』

定价：68 元

『花园休闲区设计』

定价：68 元

『庭院花木修剪』

定价：45 元

『种菜手帖』

定价：45 元

『玫瑰花园』

定价：35 元

『阳台花园』

定价：32 元

『厨余变沃土』

定价：32 元

『美味花园』

定价：42 元

『生态花园』

定价：29.8 元

『日式庭院』

定价：29.8 元

『垂直花园』

定价：29.8 元

『露台花园』

定价：29.8 元

『花园Mook·金暖秋冬号』

定价：45 元

『花园Mook·粉粉卓春号』

定价：45 元

『净化空气植物』

定价：25 元

『迷你主题菜园』

定价：25 元